U0175418

论数据要素市场

于施洋　王建冬　黄倩倩 ◎ 著

人民出版社

CONTENTS

目　录 |

序

当前，数据要素市场建设已成为业界高频讨论的现象级重大课题。从战略思考到制度建设，从政策设计到技术供给，从场景拓展到商业模式，从市场导向到国家权利等诸多领域不一而足，都不乏诸多研究者参与者。各位看到的这本专著，最基本的特色则是前瞻性、体系化和实践性。

我与作者即国家信息中心大数据部主任于施洋博士和另外两位博士已认识多年，知道他们持续地深度参与研究并体验关于数据要素流通制度建设预研、数据交易所（中心）设计及创新实验等重要工作，坚持将完成主管部门交办（或地方政府委托）任务和超前开展前沿课题研究有机结合起来，逐步在数据要素市场领域形成了体系化的理论思考和实践总结。对作者们的不懈努力和专业水平以及责任担当我都比较熟悉，故欣然接受邀请写下这份序言。

细读此书总的体会主要有两点。第一点是观念观点体现科学创新。如作者提出，将数据要素纳入收入分配体系，就如同改革开放以来每一次确立新的生产要素并纳入收入分配体系，如土地进入市场拍卖、劳动力商品化、建立资本市场等，都是一场牵涉经济社会发展方方面面的全局性改革。这就是把握数据要素市场发展大趋势的一个新的视角,就是必将催生和发展新的生产力,同时必将调整和完善生产关系。又如,文中讨论数据要素与其他生产要素关系时,明确指出全要素数字化的过程,是重构原有产业的资源配置状态,实现互联网等数字化新技术与实体经济协同发展充分融合,推动形成智能化的数字经济体系的过程。这就启示我们,加速推进数字化新技术的研发与成果转化并壮大数字经济进程,必须与加速推动工业、农业和服务业现代化,以及社会治理现代化进程互为条件、有机融合。再如,作者讨论数据要素问题时,提出应基于数据"动态本体论"分析框架,建立政企融合的全国一体化数据要素市场的基本思路,并据此率先提出"所商分离""数据商""数据资产入表"等一系列模式和理念,对指导实际工作具有较强实用性和可操作性。

第二点是着力构建逻辑自洽体系。数据要素市场化是一个领域新、任务重、困难多、耗时长的事情,应该允许在局部地区、部分环节先行先试。同时,更需要在总体思路和基本路线图上提出一些"先知先觉"的基本思考。我认为,作者着力论证的包括数据要素的产权体系、供给体系、流通体系、定价体系、核算体系、分配体系和跨境体系,就是谋求理论创新体系化的一大贡献。同时,所论七大体系之间以及各体系内各节之间,都在内容上既有明确界定,又显示相互关联;既有利于研究和实践工作者专注重点领域重点专业发展,又有利于主管部门在基本制度建设及总体政策设计时统筹及统一各方面内在逻辑关系。

当然,无论国内国际,对于数据要素市场都有许多待解问题,希望本专著作者们还要继续"论"下去。就我而言,也一直在寻求对一些问题的答疑解惑。比如,数据要素纳入生产和收入分配体系是必然趋势,这就必须厘清数据资源要素化、资产化和资本化的内涵与外延以及紧密关联的权责利关系,理论上搞清楚十分重要。又如,数据这一新型要素的复用性极强,特别是可通过交易来持续增加使用价值实现场景和价值,这正是数据资源纳入生产要素的核心和魅力。但现在全国数十个数据交易场所都采取的挂牌或协议交易方式,是无法适应数据要素市场化配置本质要求的,应认真讨论是否需要建立具有金融属性的数据要素资本市场?路径是什么?再如,数据流通交易过程中,我认为最难的问题不是数据保护,而是数据权益界定(包括再交易过程)基础上形成市场定价体系,可否研究实施利用成熟技术手段(如区块链和数据资产图谱体系)来建立合规合法合理的价格形成机制?

杜 平

国家信息中心原党委书记、常务副主任

2022 年 12 月

前　言

　　数字经济是继农业经济、工业经济之后的一种新的经济形态。党的二十大报告指出,要加快发展数字经济,促进数字经济和实体经济深度融合,打造具有国际竞争力的数字产业集群。在数字经济时代,数据就像"工业血液"石油一样,是每个企业生存发展不可或缺的生产资料,对提高全要素生产率的乘数作用日益凸显,已成为与农业经济时代的土地和工业经济时代的资本、技术相类比的核心生产要素。同时,数据在一定条件下取之不尽、用之不竭,具有很强的可复制性,在确保安全合规的前提下,将散落在全社会的各类数据资源进行归集、整理并加工成为可进入市场流通使用的生产要素,将成为有效赋能千行百业和经济社会转型升级的不竭动力。数据对于生产的独特贡献作用空前显现,这是现代经济发展的一个重要趋势。

　　当前,加快培育全国统一数据大市场、促进全社会数据资源自由有序流通是有效释放网络强国、数字中国创新活力的核心路径。党的十九大以来,我国数据要素市场制度建设驶入快车道。党的十九届四中全会首次将数据与劳动、资本、土地、知识、技术和管理并列作为重要的生产要素,要求健全由市场评价贡献、按贡献决定报酬的机制,是一个重大理论创新,"反映了随着经济活动数字化转型加快,数据对提高生产效率的乘数作用凸显,成为最具时代特征新生产要素的重要变化"①。2022 年 12 月,党中央、国务院正式印发《中共中央　国务院关于构建数据基础制度更好发挥数据要素作用的意见》;2023 年 3 月,《党和国家机构改革方案》首次提出组建国家数据局,这标志着全国一体化的数据要素市场培育正式拉开帷幕。

　　数据要素市场建设是一项前无古人、引领未来的历史性工程。回顾我国四十多年改革发展历史,每一次将一种新的生产要素纳入收入分配序列,都是一场牵涉经济社会发展方方面面的全局性改革,催生了土地市场、资本市场、知识产权市场等重大改革成果。数据要素市场也不例外,一场波澜壮阔的改革创新大潮已经涌起。一方面,我国地大物博,人口和产业规模巨大,信息技术应用场景十分丰富,数据要素资源禀赋居全球前列,在全球经济数字化转型的大背景下,率先构建全球领先的数据要素市场,实现"线下超大规模市场"与"线上超大规模数据"优势叠加,对于未来我国抢抓全球竞争优势至关重要。推动数据要素市场化配置改革,全面释放数据要素创新动能,将培育出新的万亿级数据市场,有效提升我国数字经济全球影响力,其意义不亚于改革开放初期的"土地第一拍"和 20 世纪 90 年代的资本市场改革,将对"十四五"乃至更长时期内我国经济社会转型发展产生深刻影响。另一方面,资本、技术、管理等要素都是顺应工业化、城镇化发展要求,在学习借鉴西方经验的基础上形成改革成果,唯有数据要素分配是工业经济向数字经济转型中最具时代特征的新鲜事物,是我国在国际上首先提出的重大理论和实践问题。数据的权属、定价、治理等问题十分复杂,涉及方方面面,如何实现在数据要素分配中由市场发挥主导作用,在全球范围内都没有现成的解决方案,这是全人类共同的"无人区",这个"无人区"我们或早或晚都必须要闯过

---

① 　刘鹤:《坚持和完善社会主义基本经济制度》,《人民日报》2019 年 11 月 22 日。

去。这项改革一旦探索成功,其理论和实践意义都是划时代的。

加快推动数据要素市场体系建设对于构建国家竞争优势战略意义十分重大。在当前日趋复杂的国际环境和加快建设强大国内市场的大背景下,全面推动数据要素市场化配置,加快建设全国统一、辐射全球的数据大市场,是集中发挥我国社会主义制度优势、新型举国体制优势、超大规模市场优势,构筑数字化领域非对称全球竞争优势的最可行最有力抓手。应当始终坚持以人民为中心这一主线,以习近平新时代中国特色社会主义思想为指导,着眼于促进全体人民共享数字经济发展红利,统筹兼顾政府与市场、发展与安全、公平与效率、国内与国际等几组关系,构建符合数字经济发展规律、切实保障国家数据安全、彰显创新引领的数据基础制度体系,增强数字经济新动能,创造数字社会新福祉,构筑国家竞争新优势。

本书笔者积极投身数据要素市场基础理论研究,广泛参与相关地方实践工作。自 2018 年起先后承担了国家有关部门委托的关于数据要素基础理论、制度体系、价格机制、产权制度等 5 项重大课题,积极参与相关政策出台的研究工作。在承担相关政策起草和课题研究的过程中,围绕数据要素市场化配置改革这一宏大命题,开展了一系列较为扎实的基础性研究工作。一是广泛走访调研和研讨,课题组多次调研贵阳、深圳、广州、上海、北京、福建、重庆等二十余家已成立的数据交易机构,组织召开了三十余场专题研讨会,收集了上百万字调研基础素材,与行业内知名企业、研究智库建立了广泛联系。二是联合开展专题研究,依托粤港澳大湾区数据交易流通实验室研究机制,先后围绕数据确权、定价、核算、流通、跨境、清结算等问题,与北京大学、清华大学、中国人民大学、复旦大学、中国政法大学、电子科技大学等高校组成了 12 个专项课题组,为相关研究奠定了扎实基础。三是积极推动落地实践,与深圳市政府合作共建了粤港澳大湾区大数据研究院,承担了粤港澳大湾区数据交易流通实验室和深圳数据交易所预研平台建设等重大

工程,同时还参与了上海、重庆、贵州、福建、甘肃、海南、广西等地数据要素
市场化配置改革和数据交易平台建设工作。在研究过程中,笔者在国内率
先提出、倡导并推动包括"所商分离""数据商""数据资产入表""多层次数
据市场"等一系列模式和理念。本书是对数据要素市场体系建设这一前沿
问题的起步探索性研究,是上述研究和实践成果的阶段性总结。

第一章

从数据大国迈向数据强国

加快推动数据要素市场化配置改革,是我国改革开放持续向纵深推进的标志性事件,也是党中央、国务院敏锐把握数字化时代先机,与时俱进推动网络强国、数字中国建设的全局性战略性举措,有助于我国掌握数字经济时代转型发展的自主权、全球竞争的话语权和布局未来的主动权,具有十分深刻的时代背景和时代内涵。当前,加快推动数据要素市场化配置改革是一项复杂系统工程,一方面,需要广泛调动各方积极性和创造性,激发市场主体活力,规范市场发展秩序,调动社会各方力量,形成政产学研金协同发展,有效市场和有为政府相结合的数据要素治理新格局;另一方面,应坚持发展与规范"两手抓",在发展中规范、在规范中发展,构建"政府、企业、社会"多方协同治理的新模式。

第一节　世界主要经济体均加快全球数据要素市场布局

进入 21 世纪以来,数字经济发展速度之快、辐射范围之广、影响程度之深前所未有,正在成为重组全球要素资源、重塑全球经济结构、改变全球竞争格局的关键力量。习近平总书记深刻指出:"纵观世界文明史,人类先后经历了农业革命、工业革命、信息革命。每一次产业技术革命,都给人类生产生活带来巨大而深刻的影响。"①当今世界各国不断推动数字技术创新突破、产业融合发展、数字治理提升,先后出台了欧盟《通用数据保护条例》《数字服务法》《数字市场法》、美国《联邦数据战略和 2020 年行动计划》、英国《数字经济战略》、日本《"互连产业":东京举措 2017》《官民数据活用推进基本计划》、韩国《数据产业振兴和利用促进基本法》等一批产业政策,全力抢抓数字经济战略主导权。培育数据要素市场,加快推动数据资源流动和价值实现,已经成为全球各国发展数字经济的核心抓手。

在加快推动数据要素市场培育上,世界主要经济体近年来均已迈出实质性步伐。(1)欧盟在取消数据要素流动壁垒、建立数据确权框架、完善数据市场监管、强化数据安全和隐私保护等方面形成了一套完整方案。其2015 年开始实施"数字一体化市场"(Digital Single Market)战略。2018 年正式实施被称为"史上最严"的隐私保护法案《通用数据保护条例》。2020年推出《数字服务法》进一步加强数字平台在打击非法内容等方面的责任,同时推出《数字市场法》,建立了统一、明确的数字规则框架,对"守门人"大型在线企业加强监管。2022 年 2 月,公布《数据法案》草案全文,进一步规范使用者权利和义务,解决导致数据使用不足的法律、经济、技术问题,确保更广泛的利益相关者控制其数据,最大限度地提高数据在市场经济中的价值。(2)美国商务部 2015 年发布《数字经济议程》,2020 年 1 月发布《联邦数据战略和 2020 年行动计划》,提出建立数据伦理框架、开发数据保护工具包、强化数据质量管理和数据标准库建设等具体举措。(3)日本政府 2017

---

① 中共中央党史和文献研究院编:《习近平关于网络强国论述摘编》,中央文献出版社 2021 年版,第 35 页。

年发布《"互连产业"：东京举措 2017》，并于次年推出《提高生产率特别措施法案》，提出推动"行业、企业、人、机械、数据互相连接"，并提出产业数据共享项目认定制度、新技术"规制沙箱"制度、政府数据开放官民圆桌会议、推进日欧个人数据互换等具体举措。(4)英国政府 2015 年出台《数字经济战略(2015—2018)》，在其下成立"创新英国"项目，推出五大方面 21 项具体措施，包括研发数据平滑迁移工具、保护数字化资产价值、提高数据供需对接效率、提升数据质量、构建数字化供应链、搭建数据互操作标准系统和交易系统等。

在数据治理和数据市场发展问题已成为各类多边和双边国际组织的焦点议题的大背景下，近年来世界各国围绕网络空间的战略博弈与数据资源的争夺也日益激烈。

美国方面，其在全球经济治理中一直秉持自由主义和全球霸权相结合的策略，即所谓"自由霸权战略"(Strategy of Liberal Hegemony)。一方面，美国在包括数字经济在内的所有领域倡导美式的自由开放，希望主导构建一套所谓的"自由主义"的全球数字治理规则。另一方面，美国对数字领域先进技术严格管控，全力保护本国企业技术和产业优势，对外国企业投资美国数字产业进行审查，对数据出境进行管控，在数字执法方面实施数字霸权和长臂管辖。2019 年，美国颁布的《云法案》规定，无论数据是否存储在美国境内或境外，都赋予美国政府调取存储于他国境内数据的法律权限。

欧洲方面，在其数字化转型进程中，欧盟委员会反复强调走出不同于其他地区的"欧洲道路"，全力强化欧盟内部成员国之间的资源整合和标准统一，强调跨域互联，着力构建"单一数字市场"。2015 年 5 月，欧盟正式启动数字单一市场战略，并先后配套发布了 35 项立法提案和政策倡议，包括三个方面：一是促进全欧洲消费者和企业更好使用在线产品和服务，包括消费者和企业能够信任的跨境电子商务规则、提供能让消费者负担得起的高质量跨境物流服务、防止不公平的地域性壁垒、更好地获取数字内容等;二是为先进数字网络和创新服务创造合适条件和公平竞争的环境,包括制定目标一致的电信规则、21世纪的媒体框架、一个适合平台和中介机构的监管环境;三是使欧洲数字经济的潜力实现最大化,包括构建数据经济,通过互操作性和标准化提高竞争力、建设包容性互联网社会等。

西方国家提出的全球数据治理规则,无论是美国的数字霸权和长臂管辖策略,还是欧盟的"单一数字市场"战略,本质上都是"各扫门前雪"甚至"以邻为壑"的"零和博弈"。当前加快构建数据要素市场,推动全球经济数字化转型,是以数据跨境流通与合作应用为牵引,不断深化对外开放,推动构建人类命运共同体的世界性课题。数据相比传统要素不具有排他性,应当努力实现多方共赢。在数字经济领域,我国一贯主张开放平等互助的发展原则。2017年,习近平总书记在二十国集团领导人汉堡峰会上指出,"研究表明,全球百分之九十五的工商业同互联网密切相关,世界经济正在向数字化转型。我们要在数字经济和新工业革命领域加强合作,共同打造新技术、新产业、新模式、新产品"①。2021年11月,我国正式申请加入《数字经济伙伴关系协定》,目的也是扩大开放,与其他国家共同走出一条互利共赢的新路。2022年11月,习近平总书记在第五届中国国际进口博览会开幕式上的致辞再次强调,要积极推进加入《全面与进步跨太平洋伙伴关系协定》和《数字经济伙伴关系协定》,扩大面向全球的高标准自由贸易区网络,坚定支持和帮助广大发展中国家加快发展,推动构建人类命运共同体。当前加快推进数据要素市场化配置改革,就是要旗帜鲜明地破除孤立主义和数据霸权,积极推进数据安全有序跨境流通,把中国实践转化为对全球数据治理有益的国际规则,联合"一带一路"共建国家携手合作推动数字丝绸之

---

① 中共中央党史和文献研究院编:《习近平关于网络强国论述摘编》,中央文献出版社2021年版,第162页。

路,共同探索互通有无、合作共赢的"正和博弈"新模式。

第二节　我国数据要素市场化改革步入全面推进的快车道

习近平总书记关于推动数据要素市场化配置改革、加快数字经济发展的思想起源很早,思考十分深入。早在福建省担任省长时就指出,"'数字福建'的建设将孵化和推动一系列高新技术产业,形成新的经济增长点,促进传统产业的发展和变革,促进劳动生产率的革命性提高,扩大产业的智能成分和生产规模,推动社会经济的发展"。2014 年 2 月,习近平总书记在中央网络安全和信息化领导小组第一次会议上进一步指出,"信息流引领技术流、资金流、人才流,信息资源日益成为重要生产要素和社会财富,信息掌握的多寡成为国家软实力和竞争力的重要标志"①。2017 年 12 月,在中央政治局第二次集体学习会上,习近平总书记首次正式提出"构建以数据为关键要素的数字经济",标志着推动数据要素综合改革的大方向已经初见端倪。2020 年 10 月,习近平总书记撰文正式提出,要"健全知识、技术、管理、数据等生产要素由市场评价贡献、按贡献决定报酬的机制"②。2021 年 10 月,在中央政治局第三十四次集体学习会上,习近平总书记再次强调,要充分发挥海量数据和丰富应用场景优势,促进数字技术与实体经济深度融合。

党的十八大以来,党中央、国务院高度重视数字经济发展,推动产业数字化和数字产业化转型发展的政策环境、制度环境不断健全,为数据要素市场化配置改革奠定了坚实基础。一是相关法律法规体系建设得到加强。全国人大及其常委会先后制定了以《网络安全法》《数据安全法》《个人信息保

---

① 《习近平谈治国理政》,外文出版社 2014 年版,第 198 页。
② 习近平:《论把握新发展阶段、贯彻新发展理念、构建新发展格局》,中央文献出版社 2021 年版,第 344 页。

护法》为引领,以《国家安全法》《密码法》等为支柱事关网络安全和数据保护的基础性立法体系。国务院先后出台了《政府信息公开条例》《征信业务管理条例》等涉及数据安全监管的行政法规。工业和信息化部、公安部、国家互联网信息办公室等有关部门发布了《网络安全审查办法》《互联网个人信息安全保护指南》等配套部门规章和管理规定。此外,我国在《民法典》《刑法》《电子商务法》《消费者权益保护法》等法律法规中也对数据管理有关内容做了相关规定,进一步健全了我国的数据安全管理法律体系。二是推动数字经济发展的组织架构和政策体系不断完善。国家发展改革委会同20家部委建立促进数字经济发展部际联席会议制度,先后推动国家层面发布数十项相关政策,全面开展网络强国、数字中国、智慧社会等领域顶层政策文件研究制定,确立数字经济和大数据发展相关政策"四梁八柱"。地方层面,据不完全统计,全国31个省(自治区、直辖市)中已有28个组建专门的大数据管理职能机构。各地区各部门强化大数据行业管理,以"数据红利"牵引带动"改革红利",已经形成广泛共识。

近年来,党中央、国务院高度重视推动数据要素市场化配置改革,加快培育全国统一数据大市场工作步入快车道。2019年10月,党的十九届四中全会首次提出将数据作为一种生产要素纳入收入分配序列。2020年4月,中共中央、国务院发布《关于构建更加完善的要素市场化配置体制机制的意见》强调要加快培育和发展数据要素市场。2020年11月,《中共中央关于制定国民经济和社会发展第十四个五年规划和二〇三五年远景目标的建议》明确提出"建立数据资源产权、交易流通、跨境传输和安全保护等基础制度和标准规范,推动数据资源开发利用",对数据要素市场培育工作作出更加明确的战略性部署。2021年12月,国务院印发《"十四五"数字经济发展规划》指出,要"加快构建数据要素市场规则,培育市场主体、完善治理体系,促进数据要素市场流通。鼓励市场主体探索数据资产定价机制,推动形成数据资产目录,逐步完善数据定价体系。规范数据交易管理,培育规范的数据交易平台和市场主体,建立健全数据资产评估、登记结算、交易撮合、争议仲裁等市场运营体系,提升数据交易效率。严厉打击数据黑市交易,营造安全有序的市场环境"①。2022 年 4 月,《中共中央 国务院关于加快建设全国统一大市场的意见》中再次强调,要"加快培育数据要素市场,建立健全数据安全、权利保护、跨境传输管理、交易流通、开放共享、安全认证等基础制度和标准规范,深入开展数据资源调查,推动数据资源开发利用"②。2022 年 6 月,中央全面深化改革委员会第二十六次会议正式审议通过《关于构建数据基础制度 更好发挥数据要素作用的意见》,标志着数据要素基础制度"四梁八柱"初步形成,后续将统筹推进数据产权、流通交易、收益分配、安全治理等配套政策,推动一系列具体政策落地。2023 年 3 月,《党和国家机构改革方案》正式印发,首次提出组建国家数据局。

第三节 构建一体化数据要素市场是新发展格局的应有之义

一、从产业发展角度,建设全国一体化数据要素市场是必然选择

当前,数据和数字化技术已经成为驱动经济增长的主要动力。我国人口众多、经济主体数量庞大、数据应用领先全球,未来数据总规模将全球首屈一指,构建全球领先的超大规模数据要素市场各项条件已经具备。充分发挥数据资源对于提升全要素生产率的倍增和杠杆效应,有效促进数据跨域跨行业流通,是推动我国从数据大国迈向数据强国的核心路径。

一是从产业规模看,我国数据资源总量可观、增速领先,已成为全球数据大国。据中国网络空间研究院、中国信息通信研究院发布《国家数据资

---

① 《国务院关于印发"十四五"数字经济发展规划的通知》,中国政府网,2021 年 12 月 12 日。
② 《中共中央 国务院关于加快建设全国统一大市场的意见》,新华社,2022 年 4 月 10 日。

源调查报告（2021）》统计，2021 年我国数据资源产量达到 6.6 泽字节（ZB），同比增加 29.4%，占全球数据总产量的 9.9%，仅次于美国（16 ZB），位列全球第二。全国数据资源总存储量达到 598.4 艾字节（EB），同比增长 27.4%，占全球数据总存量的 14.1%。近三年来，我国数据产量每年保持 30% 左右的增速。另据国际数据公司（IDC）测算，到 2025 年我国数据量将跃居全球第一。行业层面，据不完全统计，全国新建各类数据交易机构 80 多家，全国副省级以上政府提出推进建设数据交易中心（所）的有 30 多家，为数据要素更大规模全面流通奠定了较好基础。

二是从领域分布看，公共数据与社会数据的融合应用是未来数据要素市场一体化进程的突破口。当前全社会数据资源分布格局正在发生逆转，互联网、金融、电信等行业数据规模飞速增长，数据资源分布格局已经逐渐从政府掌控 80% 演变为企业占主体的格局。据《国家数据资源调查报告（2021）》统计，2021 年我国政府产业的数据资源共 1100.4 艾字节（EB），占全社会总量的 21.2%。下一步加快培育数据要素市场化，应当着眼于打造公共数据与社会数据一体化融合应用体系，通过政企间数据的共享，释放更大的数据价值，达到"1+1>2"的效果。

三是从空间布局看，以"东数西算"支撑推动数据自由流通交易，是构建一体化数据要素市场新区域格局的重要路径。目前国内东西部地区数据资源与算力资源配置不均衡，当前我国数据资源 83.7% 集中于"胡焕庸线"以东，相应的，我国数据中心部署也主要集中在北京、上海、广州、深圳等一线城市及其周边地区，中西部地区则很少。而电力充足、气候适宜的大规模算力集群主要在中西部，在此背景下，算力资源出现了"东边挤破头，西边无人用"的境况。为有效解决国内东西部地区间数据与算力资源供需矛盾、资源倒挂现象，下一步要构建东西部数据可信流通环境，推动东西部地区实现数据"可用不可见""可用不可拥"的新型合作机制，打造东西部数据要素跨区域可信流通新通道,优化东西部算力资源协同发展格局,构建全国一体化大数据中心协同创新体系①,建设打造自由流通、按需配置、有效共享的数据要素市场。

二、从要素融合角度,全国一体化数据要素市场是打造新发展格局的"棋眼"

统一市场是发达市场经济的重要标志,具有高度开放、规则统一、公平竞争、循环畅通等突出特征,加快建设统一大市场是构建高水平社会主义市场经济体制的内在本质要求。习近平总书记强调,"市场资源是我国的巨大优势,必须充分利用和发挥这个优势,不断巩固和增强这个优势,形成构建新发展格局的雄厚支撑"②。建设全国统一大市场是党中央立足新发展阶段,着眼于国内外大局审时度势作出的重大决策部署,是构建新发展格局的基础支撑和内在要求。近年来,全国统一大市场建设工作取得重要进展,但在实践中还存在诸如市场制度规则不统一、监管规则不透明、优惠政策不公平、流通体系不健全等妨碍全国统一大市场建设的问题和体制机制障碍。

当前,构建全国统一大市场的核心是要实现统一的人流、物流、资金流,创新流通配置体系,构建有利于要素跨区域流动的体制机制,推动区域要素市场的协同性和一致性持续提升,有效打破区域封锁和市场分割,实现城乡间、区域间、行业间生产要素的统一高效配置,形成统一商品和服务市场。而这些得以实现的重要抓手,就是依托全国统一数据大市场的形成,加快人才、技术、资本、管理等要素流转的数字化智能化升级,推动国民经济的全要素数字化转型。2021年10月,习近平总书记在中央政治局第三十四次集体学习会上指出,数字经济健康发展有利于推动构建新发展格局,数字技

---

① 易成岐、窦悦、陈东、郭明军、王建冬:《全国一体化大数据中心协同创新体系:总体框架与战略价值》,《电子政务》2021年第6期。
② 《习近平谈治国理政》第四卷,外文出版社2022年版,第177页。

术、数字经济可以推动各类资源要素快捷流动、各类市场主体加速融合,帮助市场主体重构组织模式,实现跨界发展,打破时空限制,延伸产业链条,畅通国内外经济循环。2022 年 4 月,《中共中央 国务院关于加快建设全国统一大市场的意见》中明确提出,要"加快培育数据要素市场,建立健全数据安全、权利保护、跨境传输管理、交易流通、开放共享、安全认证等基础制度和标准规范,深入开展数据资源调查,推动数据资源开发利用"。

全要素数字化的过程,是重构原有产业的资源配置状态,实现互联网、大数据、人工智能、区块链等新技术与实体经济、科技创新、现代金融、人力资源协同发展、充分融合,推动形成智能化的数字经济体系的过程。数据要素与劳动、资本、技术等生产要素进行融合,可以实现要素间资源优势互补:数据要素与劳动要素融合,形成数字化劳动,可以提高劳动生产效率,优化企业用工结构,节省企业劳动成本;数据要素与资本要素融合,使得数据驱动投资决策,优化资本投资流向,实现资源效率最大化;数据要素与技术要素融合,可以充分发挥科学技术的优势,实现产品工艺创新和业务流程优化,提高企业产品质量与效益,助力企业数字化转型。这个过程可以概括为"围绕产业链、整合数据链、连接创新链、激活资金链、培育人才链",数据在这一过程中发挥了至关重要的整合链接作用(见图 1-1)。

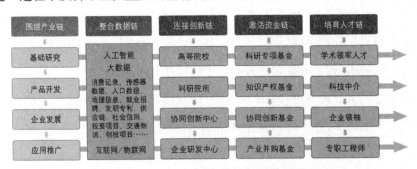

图 1-1 实现全要素数字化的"五链协同"模型

资料来源:王建冬、童楠楠:《数字经济背景下数据与其他生产要素的协同联动机制研究》,《电子政务》2020 年第 3 期。

三、从分析应用角度,构建一体化数据要素市场是各类数据融合发展的核心抓手

回顾人类社会发展历史,网络通信技术的飞速普及,对人类社会产生了巨大影响。卡斯特(M.Castells)曾指出,在以微电子技术为基础的网络技术最终大规模普及之前,人类社会尽管也存在如铁路、远洋定期客轮以及电报等构成的自身具有重新配置能力的类似全球网络的第一批基础结构设施,但由于通信技术便捷性和并发性的落后,基于社会组织的网络化形式存在许多重要的限制,当其规模、复杂性以及交互容量超越一定极限时,与垂直组织的命令和控制结构相比,它们的效力要低一些。因此,人类不得不采用传统的垂直组织结构,这一现象塑造了人类历史:国家、宗教机构、战争统治者、军队、官僚机构及其管理生产、贸易和文化的下属机构。[①] 计算机网络技术出现后的几十年间以让人惊讶的速度从广度和深度两个方面迅速拓展了原有的局部、稀疏的人类传播网络。计算机技术和网络技术的大规模普及,使得人类知识和信息传播网络变得日益复杂和密集,其影响力也日益增强。近年来,以云计算、大数据、人工智能、5G 等为代表的新一代信息技术变革的技术本质,是一种融合信息空间和物理空间的一体化运算模式,这种运算模式对于人类信息行为产生了深刻影响,并使得人类行为空间中时空要素的无缝、平滑和一体化的处理成为可能。这种新的计算模式的一个重要特征,就是对以往异构的技术平台和业务模式以一种前所未有的力度进行整合。信息化进入新阶段,数字化的重点将是"万物数字化",越来越多物理实体的实时状态被采集、传输和汇聚,从而使数字化的范围蔓延到整个物理世界,物联网数据将成为人类掌握的数据集中最主要的组成部分,海

---

① ［美］曼纽尔·卡斯特主编:《网络社会:跨文化的视角》,周凯译,社会科学文献出版社 2009 年版,第 5—9 页。

量、多样、时效等大数据特征也更加突出。

在这一历史背景下,企业、机构和个人等各类社会主体的信息行为和信息需求也将随之产生复杂而深刻的变化。在企业层面,新一代信息技术平台的异构整合,使得应用层面上不同主体行为之间出现了"平滑的过渡",最终体现到企业业务运作上,就是现代企业管理越来越趋向于以数据监测和智能决策为依托实现快速反应和组合创新,业务平台的交叉联动成为现代企业管理的核心理念。在政府层面,则是一种新的公共管理模式——整体性政府模式开始被全球各国广泛关注。所谓整体性政府,是强调通过横向和纵向协调有效弥补新公共管理模式下不同部门、不同利益群体"分而治之"造成的条块分割、孤岛林立,推动同一个政策领域下跨部门、跨领域、跨层级管理和服务协同,为公民提供一体化、无缝隙的服务。在整体性政府阶段,数据资源和数字化应用第一次站在了政府行政过程的中心位置,通过将数字化技术置于机构层级的核心,恢复了被新公共管理模式所阻隔的政府—公民数据流。

基于对上述政企两个层面数据融合应用的需求分析,笔者提出了基于数据"动态本体论"分析框架建立政企融合的全国一体化数据要素市场的基本思路,即按照数据要素所依附或反映事物本体的不同,将数据本体划分为自然人、法人、车辆、物品、地点、事件等,基于对数据动态本体对象的统一标识和管理,实现对全国范围内数据要素的标识化管理和集约化调度。

本体论(Ontology)的概念源自哲学。进入 21 世纪以来,认知科学领域的诸多跨学科研究,使得哲学和计算机领域的本体概念联系日益密切,一些哲学家开始分析和使用计算机编制的形式化本体,很多计算机领域的研究者也将一些关于本体论的哲学研究成果引入实践之中。具体到数据要素领域,由于数据要素具有非标准化、资源标的多变性等技术属性,数据本身很难实现类似实体要素那样的唯一标识管理。但如果从本体的视角看，无论数据的来源如何丰富、格式如何复杂、标准如何多样，其所依附的数据对象主要还是来自现实世界的自然人、法人等对象。举例而言，在企业本体方面，笔者所在团队曾经以企业统一社会信用代码为主线，对全国 1 亿多家企业和个体工商户的工商注册、就业招聘、招投标、投融资、专利软著、社会信用、行政审批、法院判决等 78 大类数据源进行统一关联编码，并将不同数据源统一归纳为企业本体的近 2000 个指标项，从而便于对不同数据源和数据结构的归一化、标准化管理，在实际工作中大大提高了分析效率①。基于统一数据关联机制，可以有效推动来自政府、企业、个人等多类主体的数据要素围绕人、企、车、事、物、地等动态本地实现统一管理、动态标识和动态管理，从而有效促进多源数据互联互通，推动跨机构、跨行业、跨层级的数据联合分析，激发更多数据创新应用和服务（见图 1-2）。

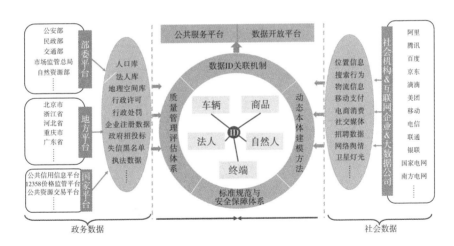

图 1-2　基于动态本体的政企数据融合流通机制

资料来源：陈东、赵正、童楠楠、王建冬、都海明：《数据长城：国家数据资源储备体系的构建思路与实现路径》，《电子政务》2021 年第 6 期。

---

①　于施洋、王建冬、易成岐：《宏观经济大数据分析》，社会科学文献出版社 2021 年版，第 96—97 页。

第二章

从卡斯特的"两个模型"谈起

　　数据作为生产要素尽管是一个全新提法,但相关问题早已被学术界关注,并经历了一个认识不断深化的过程。著名社会学家卡斯特曾将人类有史以来对信息和数据技术的研究归纳为计算模型和经济模型两种观点[1],计算模型帮助人们将效率、信息、数据作为指令来理解问题,关注信息和数据技术的应用对于提高人类信息驾驭能力的意义;而经济模型则关注信息消除不确定性的作用,认为信息带来的价值是预先获得消息和没有获得消息所带来的选择之间的差值。国内学者冯梅等[2]也表达过类似观点,并认为,学术界对信息和数据的研究主要包括两大方向:一是把信息活动作为新兴产业(数字产业化),研究信息和数据的价值与价格、需求与供给、规模与收益、投入和产出、投资与融资机制等一系列经济学问题;

---

　　① [美]曼纽尔·卡斯特主编:《网络社会:跨文化的视角》,周凯译,社会科学文献出版社 2009 年版,第 5—9 页。
　　② 冯梅、陈志楣:《北京信息服务业发展问题研究》,经济科学出版社 2007 年版,第59 页。

二是把信息作为商品流通的条件或经济决策的要素(产业数字化),考察信息和数据在工业生产和商品流通中对价格、成本和其他生产要素的影响。学术界围绕将数据作为一种生产要素的思考和争鸣,也大致可归为上述两个视角。

第一节 计算模型:对数据要素认识的"螺旋式"上升过程

对于数据或信息是否应当作为一种生产要素,经济学界也经历了一个"先抑后扬"认识不断深化的过程,大致可以分为以下三个阶段。

一、"IT 生产率悖论"阶段

1987 年,索洛(Solow)提出了著名的"IT 生产率悖论"[1],发现过去十年美国企业信息技术投资并没有促进企业绩效增长。索洛通过对美国十年间的信息技术投入的研究发现,信息技术投资与生产率的提高,以及企业绩效之间缺乏显著的联系,信息技术投资的增加并不会促进企业绩效的增加,也就是说"生产率悖论"在信息技术领域依然存在。此后十几年间,对医疗[2]、金融[3]、汽车[4]等行业以及美国[5]、欧洲[6]等区域和国家的实证研究进一步

---

[1] Solow R.M., "We'd Better Watch Out", *New York Times Book Review*, Vol.2, 1987, p.36.

[2] Menon N.M., Lee B., "Cost Control and Production Performance Enhancement by IT Investment and Regulation Changes: Evidence from the Healthcare Industry", *Decision Support Systems*, Vol.30, No.2, 2000, pp.153-169.

[3] Parsons D., Gottlieb C., Denny M., "Productivity and Computers in Canadian Banking", *Journal of Productivity Analysis*, Vol.4, 1993, pp.95-113.

[4] 钭志斌:《无形资产对企业经营绩效影响的实证分析》,《商业时代》2007 年第 22 期。

[5] Jorgenson D.W., Stiroh K.J., "Productivity Growth: Current Recovery and Longer-term Trends-Information Technology and Growth", *The American Economic Review*, Vol.89, No.2, 1999, p.109-115.

[6] Beccalli E., "Does IT Investment Improve Bank Performance? Evidence from Europe", *Journal of Banking and Finance*, Vol.31, No.7, 2007, pp.2205-2230.

印证了这一观点。出现这一情况的原因，很多学者也做了深入探讨，如乔根森（Jorgenson）等[1]认为，是信息技术投资管理不善和企业利润再分配所造成的损失导致企业生产率下降。梅农（Menon Nirup M.）等[2]则指出，信息技术投资的增加会使得协调成本增加，从而降低企业的效益。总之，早期信息技术应用效果不佳的原因，还是由于企业对于数字化技术的应用范围不足，尚未实现对企业全业务流程的整体改造和提升，从而缺乏对整体劳动生产率的有效拉动。

二、"信息有效论"阶段

自 2000 年后，支持"IT 生产率悖论"的研究越来越少。大量实证分析发现信息技术投资对生产率确实具有明显正向促进作用，表明随着信息技术投资的持续深入，其对全要素生产率（TFP）的提升效应[3]日渐显现，并成为区域高技术产业和生产性服务业聚集效应形成的重要因素[4]。国内方面对这一问题的认识与国际基本同步，20 世纪 90 年代末，有学者提出将信息要素纳入分配机制的设想[5]。2000 年后，陆续有研究对信息要素参与收益分配的主要方式和途径、信息市场构建、信息产品价格机制、信息产业发展路径等相关政策问题开展专题研究。地方实践上，内蒙古包头市还曾专门出台《包头市事业单位技术信息等生产要素参与收益分配的暂行规定》，提

---

① Jorgenson D.W., Stiroh K.J., "Productivity Growth: Current Recovery and Longer-term Trends-Information Technology and Growth", *The American Economic Review*, Vol.89, No.2, 1999, pp.109-115.

② Menon Nirup M., Byungtae Lee, "Cost Control and Regulation Changes Evidence from and Production Performance Enhancement by Investment and Regulation Changes Evidence from the Healthcare Industry", *Decision Support System*, Vol.30, No.2, 2000, pp.153-169.

③ Bharadwaj A.S., "A Resource-Based Perspective on Information Technology Capability and Firm Performance: An Empirical Investigation", *MIS Quarterly*, Vol.24, No.1, 2000, pp.169-196.

④ Carbonara N., "Information and Communication Technology and Geographical Clusters: Opportunities and Spread", *Technovation*, Vol.25, No.3, 2005, pp.213-222.

⑤ 黄泰岩：《论按生产要素分配》，《中国经济问题》1998 年第 6 期。

出"专业技术人员通过提供技术、信息为单位带来经济效益的,一次性提取
5%—10%的净收益分配给信息提供者"。

三、"数据价值论"阶段

2010年以后,有学者指出应区分一般意义上的信息数据技术建设(如
购置软硬件基础设施)和信息数据技术能力(即运用信息技术手段调度整
合企业信息资源和数据资源),后者才能真正提升企业全要素生产率,核心
是促进信息和数据要素与技术、人才、管理等要素的深度融合[①],实现企业
组织能力充分开发,进而基于业务流程优化、服务水平改善、信息系统质量
提升等间接途径影响生产率水平。其中,数据要素对于提升改进全要素生
产率的贡献度得到了高度共识。

关于信息和数据技术创新对经济增长的作用,王欣[②]归纳为三个基本
方面,即IT资本的深化、信息部门全要素生产率的提高和其他部门生产率
的增长。萨帕赛特(Sapprasert K.)[③]也认为,由于服务活动对于信息和数据
的这种天生友好,一旦信息和数据技术与服务部门融合,服务业将得到快速
发展。美国得克萨斯大学的巴鲁阿(Barua A.)等学者研究指出,企业数据
使用率每提高10%,可带来零售、咨询、航空等实体经济行业人均产业分别
提升49%、39%和21%。[④]

与学术界相关研究相呼应,近年来,随着国家大数据战略深入推进实
施,数据在提升全要素生产率方面的价值日益凸显,将数据作为一种新型生

---

① Brynjolfsson E., McAfee A., *The Second Machine Age: Work, Progress, and Prosperity in a Time of Brilliant Technologies*, New York: W.W.Norton & Company, 2014.

② 王欣:《信息产业发展机理及测度理论与方法研究》,吉林大学出版社2010年版,第165页。

③ Sapprasert K., "The Impact of ICT on the Growth of the Service Industries", *Centre for Technology, Innovation and Culture, University of Oslo*, 2010.

④ Barua A., Mani D., Mukherjee R., *Measuring the Business Impacts of Effective Data*, Texas: The University of Texas at Austin, 2012, pp.7-8.

产要素纳入分配体系的政策呼声大量出现,得到中央决策层高度重视。党的十九届四中全会正式提出将数据增列为一种新生产要素后,研究者对数据要素的基本特点①及其参与收入分配的政治经济学原理②、配套机制③等问题进行了分析。笔者所在的研究团队也曾就当前我国数据要素市场培育所面临的挑战、数据跨域流通机制、数据与其他要素联动机制、政企数据融合对接以及依托全国一体化大数据中心体系构建数据要素统一基础设施等问题进行了系统研究,并形成了一些初步结论。

第二节　经济模型:数据纳入分配序列是改革的里程碑事件

经济增长(财富如何创造)和收入分配(财富如何分)是经济学的两大基本主题。西方经济学认为,生产要素稀缺性要求生产者必须提高要素的配置和使用效率。詹森和麦克林(Jensen,Meckling)在 1976 年发表的《企业理论:经理行为、代理成本与所有权结构》中有一个著名论断,"企业是生产要素之间的合同集"④,这表明了企业中生产要素的重要性及生产要素参与分配的机理。过去百年间,经济学对于生产要素的认识经历了二元论、三元论、四元论、五元论等不同发展阶段。改革开放以来,我国提出按劳分配与按要素分配并存的收入改革思路,并根据经济发展阶段特点,逐步将资本、技术、管理、知识等纳入按要素分配序列之中。2019 年 10 月,党的十九

① 刘玉奇、王强:《数字化视角下的数据生产要素与资源配置重构研究——新零售与数字化转型》,《商业经济研究》2019 年第 16 期。

② 李政、周希禛:《数据作为生产要素参与分配的政治经济学分析》,《学习与探索》2020 年第 1 期。

③ 马涛:《健全数据作为生产要素参与收益分配机制》,《学习时报》2019 年第 1 期。

④ Jensen M.C., Meckling W.H., *Theory of the firm: Managerial Behavior, Agency Costs and Ownership Structure*, Corporate Governance Gower, 2019, pp, 77-132.

届四中全会首次将数据要素纳入收入分配序列,提出健全由市场评价贡献、按贡献决定报酬的机制,这是我国改革持续向纵深推进的一次里程碑事件。党的十九届四中全会提出健全数据要素由市场评价贡献、按贡献决定报酬的机制,这其中蕴含三个关键环节:一是数据要素分配中起基础性作用的是市场;二是市场评价贡献的关键信号是价格;三是贡献决定报酬的逻辑起点是产权。以下分别从这三个环节回顾国内外相关研究。

一、数据要素的确权机制

关于数据产权的法律属性,主要可以从物权、债权和知识产权三种路径进行考察。部分学者主张将数据产权纳入知识产权范畴并予以保护。周林彬等[①]从经济法学的角度,认为其权利性质可以从物权、债权和知识产权三种路径的制度竞争间进行成本—收益分析,并认为物权路径的制度效率最高、债权次之、知识产权最次。这一观点得到部分研究者认可,但也有人指出,数据产权虽然从属于物权路径,但其与物权的所有权并不相同,因为数据产权应当与责任相关联。如斯科菲尔德(Scofield)就建议将数据所有权替换为管理权,因为它意味着更广泛的责任[②]。洛辛(Loshin)认为,数据所有权指的是信息的拥有和责任,其不仅包括访问、创建、修改、打包、衍生利益、销售或删除数据的能力,还包括将这些访问权限分配给他人的权利[③]。但物权视角最大的挑战在于对数据要素的所有权归属问题,目前学界尚无共识,包括数据产生者、数据控制者、平台企业、国家或投资者、数据编辑者等多种观点。究其原因,数据归属会随着应用环境的变化而变化,并不断衍

① 周林彬、马恩斯:《大数据确权的法律经济学分析》,《东北师大学报(哲学社会科学版)》2018 年第 2 期。

② Michael Scofield, Issues of Data Ownership, 见 http://www. information - management. com/issues/19981101/296-1.html? zkPrintable=1&nopaginati on=1。

③ David Loshin, *Enterprise Knowledge Management*:*The Data Quality Approach*, Morgan Kaufmann,2001,pp.25-45.

生新的数据权属,因此难以找到放之四海而皆准的界定规则,甚至"很可能没有明确的产权属性"①。

针对上述问题,有研究者提出了一些新的思考视角,主要包括三个方面:一是"一数两权说"。数据作为一种虚拟物品,具有所有权与使用权高度分离的特征。互联网平台用户协议均约定享有用户在其公开区域产生内容的永久免费使用权,但并不宣传拥有其所有权,随着这类用户协议成为"默认设置和事实标准"②,对于同一条数据,传统意义下的所有权归用户,实际上的控制权/使用权归平台,而"获得(Access)比所有权更重要"③,因为前者才真正具有创造价值的意义。从本质上说,这与欧盟 1996 年《数据库保护指令》提出的数据库特殊权利有相通之处,即把作为整体数据存在的大数据视为一种集合物,从而形成个人产生数据的人身权和财产权归个人,平台集聚海量数据的经营权和资产权归平台的双边保护框架。有学者提出,这是一种巧妙解决数据权属问题的新模式,可以将"对抗性的个人信息权属转变为非对抗性的集体性信息权属"④。二是"新型产权说"。肖冬梅、文禹衡认为⑤,数据财产权是一种新型财产权,其与知识产权、物权、债权等是并列关系,并不具有物权项下的所有权,而主要包括采集权、可携权、使用权、收益权。文禹衡进一步提出,在数据产权之下分设数据控制权(配置给用户,包括数据的拒绝权、可携权和删除权)和数据经营权(配置给企

① 费方域、闫白信、陈永伟等:《数字经济时代数据性质、产权和竞争》,《财经问题研究》2018 年第 2 期。

② Jacob Silverman, *Terms of Service: Social Media and the Price of Constant Connection*, New York: Harper Perennial, 2016.

③ Rifkin J., "The Zero Marginal Cost Society: The Internet of Things", *The Collaborative Commons and the Eclipse of Capitalism*, St.Martin's Press, 2014, p.22.

④ 胡凌:《商业模式视角下的"信息/数据"产权》,《上海大学学报(社会科学版)》2017 年第 6 期。

⑤ 肖冬梅、文禹衡:《数据权谱系论纲》,《湘潭大学学报(哲学社会科学版)》2015 年第 6 期。

业,包括数据的相对性占有权、生产性使用权、经营活动自主权和增量财产收益权)。[①] 三是"公共物品说"。吴伟光认为[②],个人无法以私权为制度工具对个人数据信息的产生、存储、转移和使用进行符合自己意志的控制,从而造成数据交易使用的市场失灵。应该将个人数据信息作为公共物品来规制,由公共部门负责个人数据治理,从而避免个人在面向大数据企业时能力不对称所造成的潜在危害。同时,这种治理方式并不影响和损害已经存在的私权利如隐私权和其他财产权等。

总体而言,上述三种观点尽管对数据产权的法律基础界定存在差异,但在实际操作层面都指向一点,即数据和数据服务交易流通的产权基础应当注重以数据持有权、使用权、收益权等为重心,而不应简单套用物权项下的所有权。

二、数据要素的价格生成

在要素市场中,要素在价值生产中的贡献值的直接测定是不可解的,而只能通过市场经济的竞争简化为要素价格信号。按生产要素分配的实现过程实际上就是生产要素价格的形成过程,因而只有形成合理的生产要素价格,才能实现有效地按生产要素分配。对于数据要素市场而言,数据定价机制的建立同样是完善市场生态体系的关键共性基础问题。

从学术史的角度,数据要素定价研究可以往前溯源到对信息定价的研究。总体而言,信息定价策略研究主要可以区分为两条路径:其一,是从供需对接的角度,分析信息定价的依据。早在 1993 年,布林德利(Brindley)[③]就提出可以将信息服务和信息产品的定价策略划分为成本导向、需求导向

---

① 文禹衡:《数据确权的范式嬗变、概念选择与归属主体》,《东北师大学报(哲学社会科学版)》2019 年第 5 期。

② 吴伟光:《大数据技术下个人数据信息私权保护论批判》,《政治与法律》2016 年第 7 期。

③ Brindley L.J.," Information Service and Information Product Pricing ", *Aslib Proceedings*, MCB UP Ltd., Vol.45, 1993, pp.297-305.

和竞争导向三类。玛丽亚姆(Mariam)①提出应当从信息服务的需求独特性和供给能力两个角度综合考虑信息服务的定价问题,而信息定价的决策点往往在特定客户的收益与特定提供商的成本要求相交时达成。哈蒙(Harmon)等②也将信息产品的定价模式区分为基于成本和基于价值定价两种。更进一步的,研究者又从消费者效用和偏好的角度对信息定价策略进行了研究,并提出相应差异化定价策略。其二,是从服务场景的角度,分析定价收费模式。目前能见到的较早的研究是 2000 年巴希亚姆(Bashyam)③提出,信息服务可区分为需要物理介质的打包信息服务(Packaged Information Service)和通过网络提供的在线信息服务(Online Information Service),前者更多采用固定收费机制,后者则会选择固定收费和边际收费两种模式。吴(Wu)等④探讨了固定费用定价、基于使用情况定价和两部分资费定价等三种信息定价方案在不同场景中的适用性。

2012 年后,随着大数据概念不断升温,产业界和学术界均开始关注数据定价问题。在产业领域,目前存在两种较为普遍的数据定价机制:第一种是脱胎于传统信息产品定价的数据定价模式,其适用范围既包括一些大型互联网服务商推出的以自身为主的数据服务平台,也包括一些传统数据库服务商的大数据特色产品。如谷歌云平台采取每分钟计价模式和持续折扣模式,阿里数加平台则提供包年包月付费和按量付费两种模式。第二种则是近年来发展较为迅速的各种第三方数据交易平台,如上海数据交易中心、

① Alunkal, Mariam J., "The Value Pricing of Information Technology Services", *Proceedings of the 2000 IEEE Engineering Management Society*, IEEE, 2000, pp.266-271.

② Harmon, Robert, et al., "Pricing Strategies for Information Technology Services: A Value-based Approach", *2009 42nd Hawaii International Conference on System Sciences*, IEEE, 2009.

③ T. Bashyam TCA, "Service Design and Price Competition in Business Information Services", *Operations Research*, Vol.48, No.3, 2000, pp.362-375.

④ Shin-yi Wu, Rajiv D. Banker, "Best Pricing Strategy for Information Services", *Journal of the Association for Information Systems*, Vol.11, No.6, 2010, pp.339-366.

贵阳大数据交易所等,则结合数据质量、完整性、稀缺性、数据规模等形成定价体系,对平台上交易的数据集进行标价。研究者从不同角度总结提出了几种数据定价的依据,如表2-1所示。

表 2-1 常见的数据定价模式

序号	定价依据	代表性研究
1	数据成本	黄萃等(2014)、张志刚等(2015)、赵子瑞(2017)、刘敦楠(2017)、陈建华(2014)、Liang 等(2018)
2	消费者感知价值	黄萃等(2014)、Sharon 等(2016)、张志刚等(2015)、赵子瑞(2017)、Liang 等(2018)
3	数据质量	Olejnik 等(2013)、Zhang(2017)、赵子瑞(2017)
4	隐私含量	Riederer 等(2011)、Dandekar 等(2011)、Li 等(2012)、Rosenthal(2012)、彭慧波等(2019)
5	历史成交价	赵子瑞(2017)
6	数据权属流转	吴江(2015)
7	数据版本策略	Zhang(2017)
8	供求关系	黄萃等(2014)、Liang 等(2018)
9	避免套利	Deep 等(2017)、Lin 等(2014)
10	差异化策略	Liang 等(2018)

在数据定价方法研究方面,相关成果很多。从理论依据的角度,有学者[①]将现有数据定价模型分为基于经济理论(成本模型、消费者感知价值、供应模型、需求模型、差异化价格和动态定价)和基于博弈论(非合作博弈、讨价还价和斯塔克伯格博弈)两类。从定价形式的角度,王文平[②]区分为平台预定价、固定定价、实时定价、协议定价和拍卖定价五种;李成熙等[③]则概括为第三方平台预定价、按次计价(VIP 会员制)、协议定价、拍卖定价、实

[①] Liang F., Yu W., An D., et al., "A Survey on Big Data Market: Pricing, Trading and Protection", *IEEE Access*, Vol.6, 2018, pp.15132-15154.

[②] 王文平:《大数据交易定价策略研究》,《软件》2016 年第 10 期。

[③] 李成熙、文庭孝:《我国大数据交易盈利模式研究》,《情报杂志》2020 年第 1 期。

时定价五类。胡燕玲①划分为预处理定价、拍卖定价、协商定价、反馈性定价四类。赵子瑞②分为平台预定价、平台自动计价、买卖双方协议定价、卖方拍卖定价、卖方捆绑定价、买方自由定价等六类。总体而言，这些定价策略大多还是延续传统产品的定价方式，在应用于数据定价时往往面临诸多难题。针对这一问题，研究者提出了一些新的定价思路：一是从共时维度，引入数据分层分类策略。郭春芳③将数据产品划分为 0 次（原始数据）、1 次（初加工数据）、2 次（统计分析）、3 次（知识挖掘）四个层面，认为不同层次的数据适用不同的定价策略。翟丽丽等④从数据产权属性的角度，将数据划分为公共数据、企业数据和个人数据三类，其中公共数据适用边际成本定价模式，企业数据可沿用传统信息定价策略，个人数据则应当以隐私含量为定价导向。二是从历时维度，引入数据产品生命周期策略。如王卫等⑤将数据产品生命周期划分为引入期、成长期、成熟期和衰退期，分别探讨不同阶段的定价策略和定价方法。三是结合现在数据服务的特殊场景，结合新技术手段构建自动定价模型。如基于机器学习的定价⑥⑦、基于查询的定价⑧、基于元组的定价⑨等。

———————————

① 胡燕玲：《大数据交易现状与定价问题研究》，《价格月刊》2017 年第 12 期。

② 赵子瑞：《我国大数据交易模式研究》，上海社会科学院硕士学位论文，2018 年。

③ 郭春芳：《不确定性分析视角下大数据信息服务定价研究》，北京交通大学博士学位论文，2019 年。

④ 翟丽丽、马紫琪、张树臣：《大数据产品定价问题的研究综述》，《科技与管理》2018 年第 6 期。

⑤ 王卫、李纬光、刘金朝：《基于生命周期的数据库产品动态定价模式》，《情报理论与实践》2012 年第 2 期。

⑥ Tsai, Yi-Chia, et al., "Time-Dependent Smart Data Pricing Based on Machine Learning" *Canadian Conference on Artificial Intelligence*, Springer, 2017, pp.103-108.

⑦ Niyato, Dusit, et al., "Market Model and Optimal Pricing Scheme of Big Data and Internet of Things(IoT)", *2016 IEEE International Conference on Communications(ICC)*, IEEE, 2016.

⑧ Lin B.R., Kifer D., "On Arbitrage-free Pricing for General Data Queries", *Proceedings of the VLDB Endowment*, Vol.9, 2014, p.757.

⑨ Shen Yuncheng, Guo Bing, Shen Yan, et al., "A Pricing Model for Big Personal Data", *Tsinghua Science and Technology*, Vol.21, No.5, 2016, pp.482-490.

三、数据要素的交易流通

与传统要素相比,数据要素流动具有更明显的跨越时空性,空间距离的远近不再是首要影响因素,有必要从数据本身的特殊规律出发思考数据要素流动问题。潘泰利(Pantelis)等①认为,从经济学的角度,可以将数据分为公共数据、开放数据和私有数据三类。相对应的,可以将全社会范围内数据要素的流动路径划分为数据共享、数据开放、数据交易三类。这其中,数据共享是政府内部资源共享,与生产要素分配关联不大。数据开放方面,欧美国家目前采取不同政策,美国将政府数据看作公共物品,向社会免费开放,而欧洲则采取补偿模式,政府在开放数据时可收取一定费用。目前我国总体沿用美国的免费数据开放模式,但近年来针对公共数据授权开放和增值化开发利用的研究开始逐渐被学界和业界关注。相比前两者,数据交易是影响数据要素参与分配的关键流动路径,相关研究可以追溯到 20 世纪 90 年代末阿姆斯特朗(Armstrong)等②对信息市场的研究。目前该领域研究主要集中在以下三个方面。

一是对数据要素交易平台运行模式的调研梳理。早在 2013 年,肖姆(Schomm)、斯塔尔(Stahl)等③就结合对 46 个数据市场的调研,对其核心产品、时间特性、领域、数据来源、定价模式、访问方法、输出格式、语种、目标客户、可信性、规模和成熟度等进行了详细分类和描述性统计。国内方面,王卫等④调研了 17 个国内数据交易平台和 9 个国外平台,对数据交易平台类

① Pantelis, Koutroumpis, Leiponen Aija, "Understanding the Value of (Big) Data", *2013 IEEE International Conference on Big Data*, IEEE, 2013, pp.38-42.

② Armstrong, Aaron A., Edmund H. Durfee, "Mixing and Memory: Emergent Cooperation in an Information Marketplace", *Proceedings International Conference on Multi Agent Systems (Cat.No.98 EX160)*, IEEE, 1998, pp.34-41.

③ Schomm F., Stahl F., Vossen G., "Marketplaces for Data: an Initial Survey", *ACM SIGMOD Record*, Vol.42, No.1, 2013, pp.15-26.

④ 王卫、张梦君、王晶:《国内外大数据交易平台调研分析》,《情报杂志》2019 年第 2 期。

型、数据来源、产品类型、业务领域、交易规则等进行了系统梳理。李成熙等[1]将数据交易市场划分为大数据交易平台(中介)、数据卖方、数据持有型大数据交易平台和技术服务型大数据平台四类主体,并分别探讨其盈利模式。庄金鑫[2]将目前的数据交易模式概括为大数据分析结果交易、数据产品交易和交易中介三种。张阳[3]从数据交易形式的角度,将其划分为离线交易(数据包交易)、在线交易(API 交易)和托管交易(依托第三方平台实现数据可用不可见)三类。

二是对数据交易中涉及的若干技术支撑点的研究。如对交易数据的加密解密、匿名化处理、隐私控制等技术的研究和相关技术模拟平台的搭建。近年来,随着区块链技术的发展,其对于建立数据交易中多主体信任机制具有重要作用,国内外研究者围绕将区块链技术应用于交易溯源、合约定价、确权管理、隐私保护等开展了大量研究。

三是对数据交易监管的研究。这方面研究以国内学者居多,张敏[4]指出,由于法律制度缺失,当前数据交易存在诸多潜在风险。王卫等[5]对数据交易前、交易中和交易后三个阶段的风险点进行了系统梳理。雷震文[6]认为,数据交易平台兼具市场监管主体和监管对象双重身份。基于此,张敏[7]进一步提出建立政府通过事前准入等方式实施行政监管和交易平台自律监

---

[1]　李成熙、文庭孝:《我国大数据交易盈利模式研究》,《情报杂志》2020 年第 1 期。

[2]　庄金鑫:《大数据交易平台三大模式比较和策略探析》,《中国计算机报》2016 年 8 月 8 日。

[3]　张阳:《大数据交易的权利逻辑及制度构想》,《太原理工大学学报(社会科学版)》2016 年第 5 期。

[4]　张敏:《大数据交易的双重监管》,《法学杂志》2019 年第 2 期。

[5]　王卫、张梦君、王晶:《大数据交易业务流程中的风险因素识别研究》,《情报理论与实践》2019 年第 9 期。

[6]　雷震文:《以平台为中心的大数据交易监管制度构想》,《现代管理科学》2018 年第 9 期。

[7]　张敏:《交易安全视域下我国大数据交易的法律监管》,《情报杂志》2017 年第 2 期。

管相结合的"双重监管模式"。

　　总体来看,数据作为一种全新生产要素,其权属界定、价格形成、交易流通等与其他要素相比均具有很大差异性,而目前大多数研究对于数据要素分配的理论和模型大多脱胎于传统生产要素研究,存在较大局限性。数据要素分配是一个典型的多学科交叉研究问题,应当以应用经济学视角下要素价值理论、资产定价理论和资源配置理论等为基础,吸纳融合信息科学视角下数据生命周期理论、数据开发层级理论和法学视角下以卡—梅框架为核心的物品确权等理论工具,形成对数据作为一种生产要素的经济属性、技术属性和权利属性的全面认识,阐明数据市场体系构建中确权、定价、流通配置等关键问题的理论基础。在应用层面,抓紧研究形成指导我国一体化超大规模数据要素市场建设的理论模型和制度工具:一是提出融合欧美所长、体现中国特色的数据产权框架,解决数据"确权难"问题。二是提出股权、债券、期权多种路径相结合的综合分配交易机制,有效指导要素分配实践。三是提出相应制度工具,形成与数据要素市场相适配的财税、金融、市场和技术政策。

第三章

数据要素市场的基础概念

从学科发展史的角度,数据及其相关概念(信号、信息、知识、智慧等)是情报学、信息科学、计算机、通信等诸多学科共同关注的概念群组。长期以来,科学家围绕这一问题,创造了大量概念和理论,比较有名的如香农统计信息理论、语义信息理论、动态信息理论、马尔萨克的解决信息理论等,并且诞生了诸如信息经济学、信息生态学、信息哲学等新学科。但正如《信息政策和科学研究》(1986)中所说的:"我们的主要问题是我们不真正知道信息是什么",数据要素同样如此。在研究和思考数据作为一种生产要素如何参与分配时,实际上我们需要思考三个问题:"数据"是什么、"要素"是什么、"数据要素"是什么。如前文所说,卡斯特所谓人类有史以来对信息研究的两个模型中①,计算模型实际上回答的数据及其相关概念群组的技术属性问题,说的是数据"为何"的问题;经济模型则是回答数据的经济属性问题,关注数据和信息活动对经济社会运行中其他事物的影响,说的是数据

---

① [美]曼纽尔·卡斯特主编:《网络社会:跨文化的视角》,周凯译,社会科学文献出版社2009年版,第166页。

"何为"的问题。而上述两个问题的交汇点,就是数据要素。

第一节　数据的"来龙去脉":信号、数据、信息、知识与智慧

从经济史的角度,无论是对知识、信息还是数据的利用与价值发挥,实际上都伴随着信息技术发展的漫长历程走过了上千年的历史。正如夏肯(Shaiken H.)所说,企业寻找一个衡量信息生产的价值和产值的标准的努力要早于数字计算机的问世,它差不多与公司形式被运用于商业企业是同步的。[①] 换句话说,如果我们把信息技术和信息(知识、数据等)看成是在现代计算机诞生之前很早就有的一种经济技术现象,那么知识、信息和数据服务市场的发展同样也经历了一个相当漫长的过程。同样的,我们在思考数据或数据资产的概念时,如果从大历史观的角度,把考察的时间尺度拉长到数百年甚至上千年,或许可以更加清晰地理解知识、信息和数据等经济社会现象的本质属性。

以色列历史学家尤瓦尔·赫拉利在《人类简史:从动物到上帝》一书中,归纳了人类历史发展的三次重要革命[②]:大约 7 万年前的"认知革命"(Cognitive Revolution)、大约 12000 年前的"农业革命"(Agricultural Revolution)和大约 500 年前的"科学革命"(Scientific Revolution)。这其中,认知革命使得智人获得了从根本上区别于尼安德特人等其他一切人种的核心技能,是"让历史正式启动"的一次革命,这种技能就是人类依靠独特的语言(和后续的文字)功能,不仅能够传达关于客观世界的信息,还能够传达和

[①]　Shaiken H., *Work Transformed:Automation and Labor in the Computer Age*, New York : Holt, Rinehart and Winston, 1984, pp.34-50.

[②]　[以色列]尤瓦尔·赫拉利:《人类简史:从动物到上帝》,林俊宏译,中信出版社 2014 年版,第 41 页。

讨论虚构的并不存在的事物的信息,因此"在认知革命之后,传说、神话、神以及宗教也应运而生"。正是这种能力的形成,使得智人可以由大量陌生人组织在一起进行分工协作,并实现社会行为的快速创新。从这个意义上讲,从远古时代的神话传说和先知预言,到农业经济时代的典籍、工业经济时代的图书汇编再到数字经济时代的大数据,其实都是人类认知革命不断向纵深发展的阶段性特征,如图 3-1 所示。

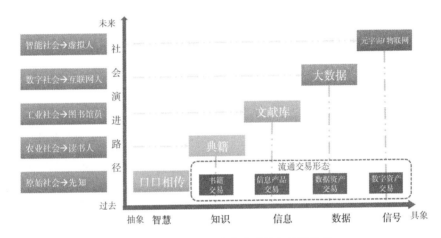

图 3-1　不同社会阶段的人类认知演进路径

从人类认知演进路径的视角来看,人类对世界的认知是一个由不同的主体承载、从主观到客观、从抽象到具象的持续探索过程,其大致可以划分为以下几个历史阶段。

一、原始社会与"智慧"

原始社会阶段,人类以食物采集分配为核心需求,原始社会的人们缺乏外部工具来辅助开展"认知革命",完成人与人之间信息沟通和认知互动的主要工具就是"口口相传"。在这一情况下,人类对世界的认知主要依靠人体感官,并内化于"智慧"。人类学家发现,多数前农耕时代文明传承本民族祖先们智慧的方式都是通过诗歌、民谣等方式。如古希腊诗人荷马创作的两部长篇史诗《伊利亚特》和《奥德赛》就是根据民间流传的短歌综合编写而成的。我国古代的《诗经》《格萨尔王》等都保存了大量上古时代的民间习俗和历史传说，其中高度凝练了本民族先人们的人生智慧和对世界的思考。可见，在原始社会，人们通过诗歌等方式将交流传授时在言行中闪现的智慧点浓缩凝练和总结记录下来，这一阶段人类"认知革命"的主要客体形态是"智慧"——而出现这种情况的原因，恰恰是由于那个时代人们沟通交流的外部工具十分匮乏所导致的。当时人类社会的文字传播手段十分有限，绝大多数地方甚至连文字都没有发明，只能借助口口相传的方式把最核心的智慧凝练并传播保存下来。

二、农业社会与"知识"

农业社会阶段，人类正式走入文明，开始思考探索并外化为"知识"，书籍的出现为知识提供了记录和传递载体，而拥有知识的人被称为"读书人"。在原始社会中人类先知们的智慧在农业社会阶段通过文字和书籍记录下来，而成为知识，使得越来越多的人可以学习和传播。如此一来，"智慧"通过文字记录有了具化的体现而成为可复制的知识。早在春秋战国时期，人们就把耕读进行分离，孔子说"君子谋道不谋食，耕也，馁在其中矣；学也，禄在其中矣"，说明其在当时已有清醒的社会分工意识。中国传统文化中认为的理想家庭模式就是"耕读传家远，诗书继世长"。中国古代，藏书是读书人传递和交流信息的主要载体，很多古代书院同时也是规模宏大的藏书阁。如清代咸丰年间太平天国战火将岳麓书院藏书尽毁，战后，院长丁善庆等呼吁各方捐赠恢复书院藏书，到同治七年，16年时间书院藏书就恢复到一万四千一百三十卷，规模十分可观。这一阶段，最早的客体流通形态——书肆（也就是现在的书店）开始出现，这在某种意义上其实可以看作数据资产流通的雏形。

三、工业社会与"信息"

农业经济时代自给自足的经济模式，使得诸如新闻、广告、市场调查、法律、金融服务之类的信息密集型活动尽管很早就已经产生了，但"根本不是生产性的"①。直到近代以后，信息技术和信息服务才第一次摆脱自给自足式小农经济模式的束缚，信息与产业发展和社会生活的结合程度越来越紧密。这一时期，是以海量文献信息处理为使命的图书管理、档案管理等信息服务行业发展的黄金阶段。19世纪末到20世纪初，随着文件分类系统与系统化管理方法的关系越来越密切，有关文件分类和档案整理的文章陆续出现在管理期刊上和有关档案整理的教科书或专著中。耶茨（J. Yates）指出，在这一时期出现的很多针对企业内部信息管理的技术和设备，包括立式文件柜、文件分类方法、卡片数据等，都"可溯源到图书馆界的做法"②。某种意义上讲，工业经济时代，图书馆员（及其相关职业）是掌握全社会信息枢纽的关键岗位，我国近代的"五四运动"等一系列反帝反封建的爱国运动发端于北大图书馆，并非偶然。而围绕信息产品（如期刊库、数据库等）的交易流通也开始日益盛行，并催生出彭博、路透、爱思唯尔等世界知名的信息服务商。

四、数字社会与"数据"

进入21世纪以来，随着互联网、物联网、移动通信、大数据、人工智能等新一代信息技术在全球范围内蓬勃发展，数据、信息爆炸性增长，成为数字地球建设的重要驱动力。当下所处的数字社会阶段，互联网跨越了人与人之间的地域沟壑，大数据成为支撑人类认知向智能化决策飞跃的重要基础。

---

① ［美］丹·席勒：《信息拜物教：批判与解构》，邢立军等译，社会科学文献出版社2008年版，第9页。
② ［美］阿尔弗雷德·D.钱德勒等编：《信息改变了美国：驱动国家转型的力量》，万岩等译，上海远东出版社2008年版，第119页。

所谓大数据,是区别于过去的海量数据等概念而言的。随着当前社交网络、移动计算和传感器等新的渠道和技术的不断涌现和应用,越来越多的信息是不规则的半结构化甚至非结构化数据。金刚勋(Gang-Hoon Kim)等[①]认为,大数据技术属于第五代决策分析技术:20世纪60年代的数据处理技术,20世纪七八十年代的信息应用,20世纪90年代的决策支持模型,2000年后的数据仓库和数据挖掘技术,直到当前的大数据技术。从这个意义上说,当前的数据资产交易,可以说是顺应大数据时代而出现的一种新的认知客体交易形态,其继承了传统信息产品交易的某些特征,特别是在互联网环境下的数据服务平台交易模式,但同时其因为数据相比信息具有更加底层、更加接近用户隐私的特点,基于"可用不可见"等隐私计算技术和区块链存证溯源技术的新型交易形态也日益成熟。

五、智能社会与"信号"

沿着人类过去上千年认知革命演进的历程,我们不妨大胆预言,即将迈入的智能经济阶段,将回归更为原始、客观的"信号世界"。随着6G、感知技术、类脑智能、量子计算、算力网等新一代数字技术的诞生和快速发展,在宏观层面很可能引发从物联网到智联网的演进趋势,人类世界实现"万物感知""万物互联""万物智能"。在群体智能的框架下,物质与物质间将无时无刻不在保持连接沟通及信号互传,人类社会将走向去中心化的"全球脑"时代。在微观层面,通过在各种物体中安装嵌入系统,不仅可以感知物体的温度、质量、位置、活动状态等实时信令,还可以根据接收到的指令或信号,控制物体进行一些基本的动作。在很多个安装了嵌入式系统的物体之间,可以通过传感器、云平台、通信网络和RFID等技术实现基于"信号"的

---

① Kim G.H., Trimi S., Chung J.H., "Big-data Applications in the Government Sector", *Communications of the ACM*, Vol.57, No.3, 2014, pp.78-85.

相互"对话",物与物之间可以不经过人的判断和调度而直接开展相互配合。近年来大行其道的"元宇宙",更是使得现实世界与虚拟世界的边界愈加模糊。而连接这一切的纽带不再是当前的数据资产,而是更加微观化的"信号"。无数依托实体设备传感信号综合而成的"数字孪生世界",其本质就是线下资产的数字化,因此未来这类虚拟化资产交易流通为核心的"数字资产交易"(但这和当前基于比特币等的"数字资产"不是一回事),其既包含了纯粹数据层面的交易流通(亦即现在的数据资产交易),更是一种基于虚拟化、数字化、智能化的全新资产评估定价和流通共享模式,并将会对未来世界的经济社会运行产生深远影响。

总之,无论是农业经济的"知识"、工业经济时代的"信息"、数字经济时代的"数据",还是未来智能经济时代很可能大行其道的"信号",虽然不同社会阶段的认知生产者、拥有者和载体等各有不同,但其本质都是人类社会"认知资源"和"认知能力"稀缺性所导致的,看似人类社会的传播载体从"智慧"层面"一路下滑"到"信号",但其背后所伴随的则是人类对外部信息载体和技术的掌控能力不断增强、认知辅助体系不断成熟。从要素流通交易的角度看,不同认知客体的资源定价模式在不同经济范式下不尽相同,但依然有很强的可传承性。从这个意义上说,信息定价①策略中的成本定价、需求定价或博弈定价,在数据资产和数字资产定价中也不同程度适用。

第二节 要素的"前世今生":土地、劳动、资本、技术与数据

生产要素理论是西方经济学建立的重要基础,相关理论研究最早可以溯源到威廉·配第(William Petty)提出的著名论断"土地为财富之母,而劳

---

① Brindley L.J.,"Information Service and Information Product Pricing",*Aslib Proceedings*,MCB UP Ltd.,1993.

动则为财富之父和能动的要素"①。过去百年间,经济学对于生产要素的认识经历了二元论(土地和劳动)、三元论(萨伊提出的劳动、资本和自然力②)、四元论(马歇尔提出"把组织分开来算作是一个独立的生产要素"③)、五元论(加尔布雷思提出将知识、技术等作为生产要素④,曼昆提出将人力资本从资本要素中独立出来⑤)等不同发展阶段。对生产要素参与分配问题的研究贯穿西方经济学发展全过程,并经过配第、斯密、李嘉图、萨伊、西尼尔、穆勒、马歇尔等人的发展,到克拉克提出的边际生产力分配理论为其大成。克拉克认为:"社会收入的分配是受着一个自然规律的支配,而这个规律如果能够顺利地发挥作用,那么,每一个生产因素创造多少财富就得到多少财富。"⑥

回顾我国改革开放历程,收入分配制度改革是贯穿始终的核心命题。中国结合社会主义初级阶段条件下以公有制为主体、多种经济成分并存的所有制结构特点,提出以按劳分配为主、多种分配方式并存的渐进改革思路,既遵循了马克思主义基本分配原则,又从社会主义市场经济规律出发,体现市场经济发展中的竞争机制、效率原则。在这一过程中,党中央根据不同阶段经济发展特点,逐次将资本、技术、管理、知识和数据等纳入按要素分配的序列之中(见表3-1)。与之相应的,学术界从20世纪90年代初期开始围绕按劳分配与按要素分配、劳动收入与非劳动收入、效率与公平、初次

① [英]威廉·配第:《赋税论》,《配第经济著作选集》,陈冬野、马清槐、周锦如译,商务印书馆1997年版,第66页。
② [法]萨伊:《政治经济学概论》,陈福生、陈振骅译,商务印书馆1997年版,第76页。
③ [英]马歇尔:《经济学原理》,朱志泰、陈良璧译,商务印书馆1997年版,第157—158页。
④ [美]约翰·肯尼思·加尔布雷思:《经济学与公共目标》,丁海生译,华夏出版社2010年版,第95页。
⑤ [美]曼昆:《经济学原理》,梁小民、梁砾译,北京大学出版社1999年版,第146页。
⑥ [美]克拉克:《财富的分配》,陈福生、陈振骅译,商务印书馆1997年版,第1页。

分配与再分配等几组关系开展了大量讨论和思考。[①]

表 3-1　我国要素市场改革的主要里程碑事件

年份	会议	相关表述	改革里程碑
1992	党的十四大	以按劳分配为主体,其他分配方式为补充,兼顾效率与公平	提出允许多种分配方式并存
1993	党的十四届三中全会	允许属于个人的资本等生产要素参与收益分配	明确资本作为生产要素参与分配
1997	党的十五大	把按劳分配和按生产要素分配结合起来。着重发展资本、劳动、技术等生产要素市场	增列技术为生产要素
2002	党的十六大	按劳分配为主体、多种分配方式并存。确立劳动、资本、技术和管理等生产要素按贡献参与分配的原则	增列管理为生产要素
2013	党的十八届三中全会	健全资本、知识、技术、管理等由要素市场决定的报酬机制	增列知识为生产要素
2019	党的十九届四中全会	健全劳动、资本、土地、知识、技术、管理、数据等生产要素由市场评价贡献、按贡献决定报酬的机制	增列数据为生产要素

资料来源:笔者整理。

与土地、劳动、资本、技术等生产要素相比,数据作为一种新的生产要素具有以下独特特征:

一是与土地和劳动等有形要素相比,数据交易的标的物具有无形性、权属复杂性等特征。土地和劳动市场权属结构较为单一,如我国城市市区的土地属于全民所有,农村和城市郊区的土地,除法律规定属于国家所有的外,属于集体所有。但数据要素因其无形性、可复制、易传播的特点,权属比较繁杂,涉及数据产生者、存储者、处理者、应用者等多种主体。数据的无形性、可复制性、权属复杂性特点使得土地市场和劳动市场体系难以适用于数

---

① 权衡:《中国收入分配改革 40 年》,上海交通大学出版社 2018 年版,第 221—226 页。

据交易市场。

二是与资本要素相比，数据交易具有非标准性、非均质化、金融属性与技术属性并存的特点。一方面，数据交易标的大多以买方个性化需求为导向，非标准化和非均质化程度高，且交易的更多的是数据使用权的一次授予行为，难以多次转移或转售。当前数据产品同样不具备可等分化、集中登记、公允定价、流动性机制完善等特征。对于一个非标准化产品占据主导的市场而言，存在大量区域性、行业性交易场所在所难免。另一方面，因数据交易涉及可信流通技术与数据安全问题，数据市场的金融属性与技术属性并存，也无法简单套用证券市场体系与监管手段。

三是与技术要素相比，数据交易标的虽然在无形性、非排他性、可复制性上与知识产权相似，但不具备独创性、期限性、法定性等知识产权必要特征，也不必然是智力劳动成果。立法层面并未采纳知识产权模式对数据进行规制，而是将其与网络虚拟财产并列，单独规定。因此，数据交易可以参考借鉴知识产权市场建设经验，但无法简单纳入知识产权交易框架。

从人类历史发展的角度，土地和劳动是农业经济的主要生产要素，资本和技术则是体现工业经济发展特征的关键要素。这些生产要素，大多具备较强的独占性特征，从而在分配过程中容易出现要素集中于极少数人之手的不平等现象。而数据要素天然具有非排他性、非竞争性特征，通过科学合理的分配制度安排，完全可以有效兼顾效率和公平。从这个意义上讲，近年来我国提出防止互联网平台资本无序扩张，其本质就是要通过合理的制度安排，充分发挥数据的非排他性、非竞争性特征，避免数据要素走向类似传统要素那样的垄断之路。推动数据要素市场化配置改革，就是其中的重要手段，其核心是通过符合国情的数据要素产权、流通和分配制度，引导平台与全体人民公平享有数据的各项权利，共享数字经济发展红利，为实现共同富裕蹚出一条新路。

第三节 数据作为一种生产要素的三个要点

一、数据成为独立要素的历史和逻辑必然

在探讨数据要素市场化配置改革之前,有一系列理论问题需要首先回答清楚:数据是否具备作为一种生产要素的基本特征?到底应当将数据还是信息作为一种生产要素?数据要素与数据技术要素、数据劳动要素之间如何区分?

一方面,从历史现实的演进角度看,数据已经客观上可以单独度量其经济贡献水平。学术界一般将信息和数据技术归入"使能性技术"(Enabling Technologies)或者通用目的技术(General Purpose Technologies, GPTs)的范畴。所谓使能性技术,是指一项新技术投入使用后可以使得既存技术能力得以改进和提升,可以为使用者架设"使然技术"(Know-what)与"应然技术"(Know-how)之间的缺口,使能性技术的使用者和尝试者节省了熟悉该技术机理的时间,可以很快适应该技术。[1] 通用目的技术的概念则是布雷斯纳汉(Bresnahan T.F.)等[2]提出的,他们认为"在任何时点上,核心的概念是,一系列'通用目的技术'均以在许多部门具有普遍使用潜力(Potential for Pervasive Use)和技术活力(Technological Dynamism)为特征的。伴随着一项 GPT 的演化和进步,引发和培育了全面的生产率收益,它扩散到整个经济体"。可以说,信息和数据技术是当今最为典型的通用技术,伴随着其发展和演化已具有非常广阔的应用空间,且它的使用不受任何个人偏向的约束和引导,可以服从于所有行业和活动的需要。但如前所述,在 20 世纪 90 年代以后,以索洛"IT 生产率悖论"为代表的一系列学术研究并不认为数据/信息技术能够对企业劳动生产率带来明显提升,其也就不具备成为一

---

[1] 白重恩、阮志华编,王森编译:《技术与新经济》,上海远东出版社 2010 年版,第 ix 页。

[2] Bresnahan T.F., Trajtenberg M., "General Purpose Technologies 'Engines of Growth'?", *Journal of Econometrics*, Vol.65, No.1, 1995, pp.83-108.

种生产要素的可行性。一直到 2000 年以后,学术界才通过实证研究发现数据和信息技术对企业业务流程改进、服务能力提升、生产成本控制等具有显著促进作用。近年来多项研究指出,数据应用对生产率有正向促进作用。有机构预测,2023 年全球企业数字化转型推动的名义 GDP 占比将达到52%,首次超过全球 GDP 的一半。从经济学理论的角度,出现这一现象的根本原因,是信息化正从早期企业实现生产管理自动化的技术手段,向整合调度企业数据资源,进而重构企业业务流程的阶段演进。

另一方面,从相关概念的内在逻辑看,数据相比信息更加适合作为一种独立生产要素。20 世纪 90 年代末,国内就有研究者提出将信息作为一种生产要素纳入收入分配机制的设想。[1][2] 2000 年以后,陆续有学者对信息要素参与收益分配的主要方式和途径[3][4]、要素市场构建[5]、价格机制[6]等政策问题进行了专题研究。学者们普遍认为,信息要素包括信息、信息技术、信息生产者三部分[7],前者在概念上包含于数据,是经过处理、具有意义的那部分数据[8][9];后两者则分别与技术和劳动要素具有通约性。李清

① 黄泰岩:《论按生产要素分配》,《中国经济问题》1998 年第 6 期。
② 卫兴华:《关于按劳分配与按要素分配相结合的理论问题》,《经济管理学院学报》1999 年第 1 期。
③ 黄璐、李蔚:《按要素分配中信息参与要素收入分配的研究》,《福建论坛(经济社会版)》2001 年第 10 期。
④ 彭必源:《关于信息要素参与收入分配的探讨》,《商业时代》2007 年第 35 期。
⑤ 赵涌发、陈树基:《信息要素参与收益分配的方式及特点》,《山西师大学报(社会科学版)》2001 年第 4 期。
⑥ 周春、蒋和胜:《市场价格机制与生产要素价格研究》,四川大学出版社 2006 年版,第 321—337 页。
⑦ 于刃刚、戴宏伟:《生产要素论》,中国物价出版社 1999 年版,第 107—108 页。
⑧ Landauer C., "Data, Information, Knowledge, Understanding: Computing up the Meaning Hierarchy", *SMC'98 Conference Proceedings, 1998 IEEE International Conference on Systems, Man, and Cybernetics*, IEEE, Vol.3, 1998, pp.2255-2260.
⑨ Sharma N., "The Origin of Data Information Knowledge Wisdom(DIKW) Hierarchy", *Google Inc.*, 2008.

彬①认为,劳动和企业家才能等与数据要素的含义差别较大;技术要素可以代表支撑数据的信息技术部分,但与数据要素本身无法通约;资本要素的逻辑与数据创造价值的逻辑差异也很大,因此数据应当成为一种独立的生产要素。简言之,将数据作为一种独立的生产要素,其主要特指依托数据(及依附其上的信息内容)开发利用和分析挖掘等产生决策价值,进而促进企业在精细化制造、精准营销等方面不断提升工艺水平和管理水平,实现全要素生产率有效提升的经济行为。在估算数据要素的技术、劳动等方面成本和投入时,需要明确聚焦于数据的采集、获取、整理、加工、存储、传输、分析等数据全生命周期各环节的成本投入,而不应将企业的整体信息化投入均视为数据要素投入。从这个意义上说,将数据而不是信息作为一种独立的生产要素,将数据与数据技术和劳动分开,更有利于把不同要素的贡献进行区分,更符合实际情况。

二、数据要素的四层分类法

在传统信息理论中,根据加工情况通常将信息分为零次信息、一次信息、二次信息、三次信息。② 类比到数据要素市场领域,同样可以从数据要素开发利用层次的角度,对不同开发利用层次的数据要素产品形态、权属流转、价值分配、流通治理、优化配置等开展研究。为此,本书提出将数据要素划分为原始数据(0 阶数据)、脱敏数据(1 阶数据)、模型化数据(2 阶数据)和人工智能化数据(3 阶数据)四个层面,并设计针对不同层级的数据要素市场制度体系。这一原则在相关国家政策文件中也得到了充分体现。如2020 年 12 月四部委联合印发的《关于加快构建全国一体化大数据中心协

---

① 李清彬:《推动大数据形成理想的生产要素形态》,《中国发展观察》2018 年第 15 期。
② 郭春芳:《不确定性分析视角下大数据信息服务定价研究》,北京交通大学博士学位论文,2019 年。

同创新体系的指导意见》中就明确指出,要"完善覆盖原始数据、脱敏处理数据、模型化数据和人工智能化数据等不同数据开发层级的新型大数据综合交易机制"[①]。

具体来说,参照信息理论对信息价值的分类,在数据要素市场建设中,按照流通、交易数据要素的价值深度,可明确为四种要素形态[②]:一是原始数据(0 阶数据),即通过物理传感器、网络爬虫、问卷调查等途径获取到的未经处理、加工、开发的原始信号数据,零次数据是对目标观察、跟踪和记录的结果,例如气象领域的高空卫星原始信号、网络领域的网络流量数据包等。二是脱敏数据(1 阶数据),即为便于数据流通,确保数据安全和隐私保护,需要将原始数据中敏感或涉及隐私的数据进行脱敏处理后形成的数据。前两种要素形态都是数据本身。三是模型化数据(2 阶数据),如互联网企业用于精准营销的用户画像"标签",其本身也是一种数据,但需要在原始和脱敏数据基础上结合用户需求进行模型化开发,要素形态是"数据+服务"。四是人工智能化数据(3 阶数据),即在前三层数据之上结合机器学习等技术形成的智能化能力,比如人脸识别、语言识别等,其主要依托海量数据实现,要素形态则是服务。

进一步归纳,我们可以将 0 阶和 1 阶数据统称为"原生数据",即主要以数据集或数据接口等方式流通的数据资源,承载这类要素流通的数据市场即"一级市场"(数据资源市场);将 2 阶和 3 阶数据统称为"衍生数据",即依托原生数据所衍生出的各种数据属性、产品和服务(具体交付形式可能是软件、指数、模型、报告等形态),承载其流通的数据市场即"二级市场"

---

① 《关于加快构建全国一体化大数据中心协同创新体系的指导意见》,国家发展和改革委员会官网,2020 年 12 月 23 日。

② 王璟璇、窦悦、黄倩倩、童楠楠:《全国一体化大数据中心引领下超大规模数据要素市场的体系架构与推进路径》,《电子政务》2021 年第 6 期。

(数据产品和服务市场)。此外,由于数据本身难以脱离其依托的软硬件基础环境独立存在,在实际运行中,数据流通与硬件(算力)和软件(算法)密不可分,特别是"衍生数据"的交易流通场景实际上是"数据+算法+算力"的综合体流通。

表3-2 四种数据要素形态的对比

类 别		交易产权流转	要素形态	隐私风险
原生数据	原始数据(0阶)	0阶数据权属完全流转	数据	高
	脱敏数据(1阶)	0阶数据权属部分流转	数据	中,多源数据比对可还原隐私信息
衍生数据	模型化数据(2阶)	0阶和1阶数据权属不需流转,2阶数据权属发生流转	数据+算法	较低,部分模型存在反向推演可能
	人工智能化数据(3阶)	0阶、1阶和2阶数据权属不需流转,3阶数据权属发生流转	数据+算法+算力	低

无论是哪种形态,数据成为一种生产要素,就意味着其具有可流通性和使用价值,与劳动、资本、技术等其他生产要素结合后能够释放价值并参与收入分配。李清彬指出①,数据要想成为一种独立的生产要素,应当具备五种基本特性,即量的累积性、产权的明晰性、流通的自由性、信息的安全性以及与其他要素结合的紧密性。总之,数据要素特征明显区别于其他传统生产要素,其既具有外部性、边际成本递减、规模报酬递增等经济属性,又具有非结构性、非标准化、资源标的多变性等技术属性。因此,一方面,要充分借鉴土地、人才、资本等传统要素市场培育的成功模式和成熟经验,并将可类比的改革经验引入数据要素市场培育领域;另一方面,数据交易市场的建设必须基于数据要素的独特技术和经济属性,照搬任何一种传统生产要素市

① 李清彬:《推动大数据形成理想的生产要素形态》,《中国发展观察》2018年第15期。

场体系都存在局限性。

三、数据要素化过程中的"两次飞跃"

从数据要素的外延看,数据得以成为一种生产要素,其实质是数字经济时代,数据要素渗透到企业生产经营的方方面面,成为推动国民经济各行各业转型升级所必不可少的元素。这一趋势反映到分配关系的变化上,就是数据的商品化、要素化过程。尽管当前社会各界都认识到数据要素的巨大潜力,但数据要想真正成为一种生产要素,还需要通过一系列制度和技术手段,使之真正具备通用性、全局性、价值性、流通性等属性。这一数据要素化的过程可以归结为数据的资源化、资产化和资本化三个阶段。构建数据基础制度、推动数据要素市场化配置改革,就是要建立完善能够指导和规范数据要素化过程中产权、计量、估值、生产、流通、分配等一系列经济行为的规则体系和制度体系。人们常把数据类比成数字经济时代的新"石油"数据要素化的三个过程,同样也可以做以下的类比。

首先,数据资源化,相当于"石油开采"。就像埋藏在地下的石油不经过开采就无法变成有价值的资源一样,在不经过任何处理的情况下,现实中的数据常常是分散的、碎片化的,没法直接利用以产生价值。对这些"原料"状态的数据进行初步加工,最后形成可采、可见、互通、可信的高质量数据,就是数据资源化过程。其本质是提升数据质量尤其是数据标准化的过程。类比于土地,就是土地整理的过程;类比于劳动,就是提升人力资本的过程;类比于资本,就是改善企业资本结构的过程。[1] 从技术产业维度看,数据的资源化过程要经历数据采集、标注、集成、汇聚和标准化等过程。没有经过资源化提升数据质量的过程,后续的一切都无法实现。

---

[1] 何伟:《激发数据要素价值的机制、问题和对策》,《信息通信技术与政策》2020年第6期。

其次,数据资产化,相当于"石油炼化"。原油从地下开采出来以后,经过一个庞大的炼化工艺体系,转化为适用于不同用途的燃料和化工原料,原油的价值才能得到最大限度发挥。数据同样如此,数据中蕴含了经济社会运行从宏观到微观方方面面的规律和机理,潜在价值无比巨大,但数据本身并不能直接产生价值。只有把数据与具体的业务场景融合,才能在引导业务效率改善中实现其潜在价值,这个过程就是资产化。其本质就是数据驱动业务变革,实现数据价值的过程,更多体现为一个产业经济过程。类比于劳动,就是把劳动力组织起来,与生产工具、生产资料相结合的过程;类比于资本,就是把资本引入产业,转换为能够带来价值增值的机器、设备、厂房、技术等过程。数据资产化是数据价值创造过程中的"第一次飞跃",体现和实现了数据的价值。

最后,数据资本化,相当于"油企投融资"。现代社会中,石油企业通过资产资本化、资本证券化,快速扩张产业规模,是实现财富放大效应的不二选择,对数据企业而言同样如此。著名学者维克托·迈尔—舍恩伯格(Viktor Mayer-Schönberger)等在《数据资本时代》一书中甚至预言,未来金融资本主义将被数据资本主义所取代,他指出:"资本的好日子很可能一去不复返:随着货币市场向海量数据市场转换,人们不再那么需要用资本来发出信号。经济会繁荣发展,但金融资本不再会繁荣——从货币市场向海量数据市场的转变就集中体现在这一点上。"①数据资本化可以包括两层含义:一是"数据股权化",未来可以参考技术入股等要素收入分配模式,探索建立"数据入股"机制,即允许数据需求方以股权置换数据持有方的特定数据权益,实现双方长期共同发展。二是"数据证券化",通过探索将企业数据资产纳入企业资产负债表,进而以数据资产预计产生的未来现

---

① ［奥］维克托·迈尔—舍恩伯格、［德］托马斯·拉姆什:《数据资本时代》,李晓霞、周涛译,中信出版社 2018 年版,第 141—142 页。

金流为偿付发行证券化产品,能够最大限度地激发数据拥有方参与数据流通交易的积极性。从资产到资本,是数据要素化过程中的"第二次飞跃"。数据资本化关乎数据价值的全面升级,是实现数据要素市场化配置的关键所在。

第四章

数据要素的产权体系

　　数据作为一种虚拟物品,其权利体系的构成和界定与传统实体物品差异很大,数据权属生成具有主体多元、过程多变的特点,且同时存在国家主权、产权和人格权三种确权视角,彼此之间难以通约,需要对传统民事权利体系理论进行扩充和完善。目前全球数据立法规制主要包括欧(隐私权导向)美(财产权导向)两大体系,前者对数据过度保护,数据产业发展活力不够,后者则强调市场规则,个人隐私保障不足。

　　我国数据产权体系尚未形成,随着数据要素市场的加速发展,必将有一个不断完善的过程。立足当下,应当以解决市场主体遇到的实际问题为导向,在《民法典》《数据安全法》《个人信息保护法》框架下,探索性建立数据资源持有权、数据加工使用权和数据产品经营权"三权分置"数据产权制度框架,逐步构建全国一体化数据要素登记确权体系,力求做到既符合现行法律规定,又满足实际流通使用需求,还为将来进一步完善中国特色数据产权制度预留政策空间。

第一节　数据权利谱系:财产权、人格权
与国家主权

明确的产权归属是生产要素得以分配的基本前提。马克思把分配关系定义为"新生产的总价值在不同生产要素的所有者中间进行分配的关系"①。一般认为,数据权属构成主要包括国家层面的数据主权和公民层面的数据权利两部分,后者又可进一步区分为人格权和财产权②③④。其中,财产权是数据要素分配的逻辑起点。文禹衡⑤还提出将"数据产权"作为数据确权的元概念,以统摄人格权和财产权两条路径。

从20世纪60年代起,就有欧美学者主张用财产权保护个人数据。如米勒(Miller)认为,"保护隐私最容易的途径是将个人信息的控制作为数据主体拥有的财产权"。⑥ 萨缪尔森(Samuelson)指出,20世纪中叶以前信息与其载体密不可分,所以法律只需要以财产权的形式保护有形载体即可;但随着社会的发展,信息不再依赖于有形载体,此时便需要赋予个人以信息财产权。⑦ 但总体而言,早期人们并没有认识到数据的经济价值属性,因此对于数据权利的研究更多从人格权和隐私保护的角度展开。如哈里森(Hari-

---

① 《马克思恩格斯全集》第25卷,人民出版社1974年版,第992页。

② 曹磊:《网络空间的数据权研究》,《国际观察》2013年第1期。

③ 肖冬梅、文禹衡:《数据权谱系论纲》,《湘潭大学学报(哲学社会科学版)》2015年第6期。

④ 齐爱民、盘佳:《数据权、数据主权的确立与大数据保护的基本原则》,《苏州大学学报(哲学社会科学版)》2015年第1期。

⑤ 文禹衡:《数据确权的范式嬗变、概念选择与归属主体》,《东北师大学报(哲学社会科学版)》2019年第5期。

⑥ Miller A.R.,"Personal Privacy in the Computer Age:The Challenge of a New Technology in an Information-oriented Society",*Michgan Law Review*,Vol.67,1968,p.1089.转引自郭瑜:《个人数据保护法研究》,北京大学出版社2012年版,第214页。

⑦ Samuelson P.,"Privacy as Intellectual Property",*Stanford Law Review*,Vol.52,1999,p.1125.

son）就指出，美国很多有关数据的立法是在互联网快速普及和数据急剧增加之前确立的，没有给予数据产权足够的保护，仅在知识产权创作涉及"最低的创造性"（Minimal Degree of Creativity）的情况下才通过知识产权保护数据库内容。① 而由于缺乏数据产权的制度安排，会导致数据越多的组织越不愿意开放数据。② 基于此，莱斯格（Lessig）③提出了数据财产化理论，认为应当通过赋予数据以财产权的方式强化数据本身的经济功能，以打破传统法律思维下单纯强调隐私权和过度保护而限制、阻碍数据要素流通的僵局。施瓦茨（Schwartz）④提出了个人数据产权化模型，以实现财产权和人格权的平衡。

总体而言，当前推动数据要素确权必须放在数据开发利用的动态价值链当中来进行设计，在数据价值实现和价值递增的过程中，不同的经济主体处于不同的位置，具有不同的价值贡献和不同的权益诉求，数据产权配置必须考虑这种动态过程性激励差别。从满足个人视角下隐私保护、产业视角下产权保护和公平竞争、国家视角下数据主权安全和国际竞争三重诉求的角度，设计个人—人格权、企业—财产权和国家—国家主权三个方面各有侧重的数据权利框架，如图4-1所示。

近年来，我国在数据立法领域推进力度空前加大，《民法典》总则第一百二十七条规定，"法律对数据、网络虚拟财产的保护有规定的，依照其规定"。目前，我国正逐步建立一套围绕数据为核心的法律法规体系，其中包

① Lad Harison, "Who Owns Enterprise Information? Data Ownership Rights in Europe and the U.S.", *Information & Management*, Vol.47, 2010, pp.102-108.
② De Beer, Jeremy, "Ownership of Open Data: Governance Options for Agriculture and Nutrition", *Wallingford: Global Open Data for Agriculture and Nutrition*, 2016.
③ ［美］劳伦斯·莱斯格：《代码2.0：网络空间中的法律》，李旭译，清华大学出版社2009年版，第20页。
④ Schwartz P.M., "Property, Privacy, and Personal Data", *Harvard Law Review*, Vol.117, 2003, p.2056.

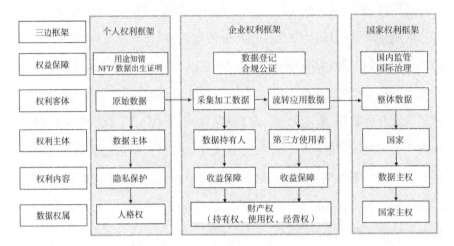

图 4-1　数据权利的三边框架

资料来源：童楠楠、窦悦、刘钊因：《中国特色数据要素产权制度体系构建研究》，《电子政务》2022 年第 2 期。

括《个人信息保护法》（自 2021 年 11 月 1 日起施行）、《数据安全法》（自 2021 年 9 月 1 日起施行），以及《网络安全法》（自 2017 年 6 月 1 日起施行）等法律及相关法规，这些法律基本确定了数据权利谱系中人格权和国家主权的法律框架。但对于数据要素市场化配置至关重要的数据财产权的法律框架，目前还有待研究确立。

地方实践层面，近年来广东、深圳、上海、北京等地纷纷开展与数据产权相关的各类立法探索。如《广东省数字经济促进条例》第四十条规定，除法律另有规定或当事人另有约定外，自然人、法人和非法人组织对依法获取的数据资源开发利用的成果，所产生的财产权益受法律保护，并可以依法交易。《深圳经济特区数据条例》在省条例的基础上作出更为细化的规定，率先在地方立法中探索数据相关权益范围和类型，明确了自然人对个人数据依法享有权益，包括知情同意、补充、更正、删除、查阅、复制等权益；自然人、法人和非法人组织对其合法处理数据形成的数据产品和服务享有法律、行政法规及条例规定的财产权益,可以依法自主使用,取得收益,进行处分(第三、四条)。《上海市数据条例》在"浦东新区数据改革"一章也特别提出推进浦东新区"数据权属界定、开放共享、交易流通、监督管理等标准制定和系统建设"(第六十三条)。各地通过地方性法规尝试对数据权属进行界定,这进一步凸显出国家加快数据确权立法的迫切性和必要性。

第二节 从欧美立法实践看我国数据产权"第三条道路"

从全球范围来看,数据产权规制主要包括美国的财产权导向体系和欧洲的隐私权导向体系,对我国均有借鉴意义。

一、美国模式:财产权导向

美国的数据立法原则从表面上看是充分尊重市场和自治的观念,从根本上看是由保持数据领域的领先地位及其既得利益决定的。一方面,表面上美国以"旧瓶装新酒"方式,通过扩张适用普通法的隐私权概念,对于个人数据加以保护。其隐私权保护覆盖了宪法、联邦、各州等层面,并制定有多部行业性隐私法案,能够对个人数据保护发挥一定作用。对于非个人数据,美国主要通过《计算机欺诈与滥用法》、《数据库权指令》和反不正当竞争相关法规等实现保护,其司法案例也对非个人数据的"准财产权"予以了肯定,并明确了非个人数据的保护思路。另一方面,尽管美国一直坚称"隐私是民主制度的心脏",但实际上在数据权利保护与数据开发利用的天平上,美国政府及科技巨头们均偏向后者。以《消费者隐私权利法案》的"难产"为例,其早在2012年即已形成草案,并完善了"告知与同意"框架、加强了企业自律,但至今尚未获得通过。在美国模式下,数据权利保护只能依赖法律框架下的企业自律及事后救济来实现,这无疑是不够的,不仅容易导致数据滥用等行为发生,而且从长远看,如若数据权利保护失当,市场参与者不愿提供数据,市场上数据供给不足,数据市场只能趋于萎缩。

二、欧盟模式:隐私权导向

欧盟数据立法理念更加着眼于建立欧洲共同数据空间。对于个人数据,目前已形成以知情权、访问权、更正权、被遗忘权、可携带权等为核心的个人数据保护体系。对于非个人数据,《欧洲数据治理条例》规定了在公共部门设置或监督的安全处理环境(如沙箱)中再利用特定类型数据;《构建欧洲数据经济》提出了数据生产者权利,保护数据再利用成果,意图激发数据开发利用的积极性。

欧盟数据立法实践的战略意图是借道个人数据权保护,扶持发展本土数据产业,以扭转欧洲数据市场被美国长期垄断的局面。但从执法实践来看,其易导致数据交易成本和执法成本大幅增加。自欧盟《通用数据保护条例》(General Data Protection Regulation,以下简称 GDPR)生效一年半时间里,数据保护机构(Data Protection Authority,以下简称 DPA)便开出近 800张罚单,罚款数量和规模呈指数型增长,企业数据合规负担大大增加。自GDPR 生效后的三年间,欧洲数据保护机构总雇员数增长 42%,总预算增长49%,但执法资源仍不足。英国数据保护机构在涉及 Facebook(脸书)的剑桥分析公司数据泄露事件中,为避免自身在诉讼程序中因为数据监管和核查过程中花费高昂的人力、物力成本,最终选择与 Facebook 达成和解。可见,欧盟模式下,一方面监管过严,导致市场主体不愿、不敢涉足数据产业和数据业务;另一方面,执法资源难以到位,变相引导市场主体以"等、拖"方式阻滞监管效能发挥,反而扰乱了正常数据要素市场秩序。

三、对我国的启示:"第三条道路"

当前,我国应探索与欧美不同的"第三条道路",其基本思路为"突出一个属性、平衡两组关系、满足三重诉求",即突出数据的公共利益属性,平衡经济发展与国家安全、平台利益与个人权益两组关系,满足个人视角下隐私保护、产业视角下财产权保护和公平竞争、国家视角下数据主权安全和国际竞争三重诉求,形成中国特色数据权属模式。具体包括以下两个原则。

一是新型权利原则,即明确数据财产权为与物权、债权、知识产权并列的新型民事权利。与物权相比,支配数据具有非损耗和非"物"上的排他性,不能套用有形物的物权制度。与债权相比,相关法律制度不能为数据权利提供充分保护,故也不能纳入债权规范体系。与知识产权相比,数据采集汇聚存储不一定包含智慧加工,知识产权解释力有限。综上所述,数据财产权是一种新型民事权利。

二是分类确权原则,即明确数据财产权包括占有权、处理权和收益权三方面。首先,数据占有权确认可比照知识产权模式,即未经数据权利主体授权,其他人不能处理其数据或通过其数据获取利益。其次,数据处理和收益权的确认应遵循内容决定原则。对于承载个人信息的数据,应按《个人信息保护法》界定其处理和收益行为。对于承载商业秘密的数据,应按《反不正当竞争法》等规定来行使,不得违反商业秘密权利人有关保守商业秘密的要求,披露或允许他人使用该数据。对于承载知识产权的数据,应按知识产权保护的规定来行使。

第三节　数据产权确定的基本路径

"产权"的概念来源于经济学,是新制度经济学研究的核心部分。经济学认为,产权是基于经济财货的存在而界定的人与人之间的关系,是由社会规则约束和保障的、关于财产使用的一系列排他性权利的集合,是权利束。从产权的概念可以推导出数据产权的概念:数据产权是附着在数据上的一系列排他性权利的集合,是调整人与人之间关于数据使用的利益关系的制度。

在具体实践中,解决数据产权的归属问题应当跳出所有权的思维定式,不纠缠于"数据归谁所有",而聚焦于各项具体的数据权利的归属。《关于构建数据基础制度 更好发挥数据要素作用的意见》(以下简称《意见》)中首次提出了建立数据资源持有权、数据加工使用权、数据产品经营权等"三权分置"的产权运行机制,就是在构建新型数据产权制度框架方面的一次实践探索。

一、数据资源持有权

如前所述,数据相比传统的有形物,其具备非竞争性和非排他性特征,导致所有权项下以支配和排他为核心的确权模式难以适用于数据保护的行业实际情况。对于数据持有人和第三方使用人来说,其对数据资源的采集加工、流转应用投入了资本和创造性智力活动,衍生数据因而成为具有价值创造的数据资产。按照"谁投入谁受益"的市场原则,其合法权利应当得到法律认可,这些数据的持有和实际控制权应归投入方。王玉林、高富平[1]认为,数据财产是控制人通过资本投入,或者与信息源权利人达成协议后取得的,属于数据控制人的数据资产,如果将数据资产共同为数据主体和数据控制人享有,将导致数据主体权利不明,相关数据法律关系不能成立,无法实现数据的价值。在实际操作中,所有互联网平台企业都要求其产品的终端用户签署知情同意书,授权其在确保遵守个人信息保护等法律要求的前提下,免费开发和处置该用户在平台产生的数据,这实际上就是平台对于其数据具有实际控制权或持有权的一种体现。对于数据持有人而言,其核心关切是数据开发利用投资回报的保障问题,应防止盗取数据等侵权行为对其造成伤害或者在侵权发生后能获得相应的赔偿,从而承认和保护其对持有数据资产的经济利益,以维护其投资和创新的激励,从而促进数据资源的开

---

① 王玉林、高富平:《大数据的财产属性研究》,《图书与情报》2016 年第 1 期。

发利用与创新。① 基于此,《意见》中淡化了对数据所有权(Data Ownership)的表述和讨论,而选择以数据持有权作为数据要素流通中产权界定的起点。正如有学者指出的,这种深刻的转变不仅意味着我国数据产权配置顶层设计放弃了所有权的立法思路,更催生了一种类似于数据"准占有"制度的新型权利样态。② 基于这一基本思路,《意见》进一步提出了推进公共数据、企业数据、个人数据分类分级确权授权使用。

二、数据加工使用权

数据加工使用权是指数据资源持有者在相关数据主体的授权同意下,或者其他市场主体在数据资源持有者和相关数据主体的授权同意下,对数据进行加工、分析等处理,应用于具体业务场景,从而提升运营效率、创造经济社会效益的权利。一般而言,数据加工和使用是两个逻辑上前后相连的动作形态。所谓数据加工,是指对数据进行整理编排、分级分类、标注清晰、关联分析等处理活动。如全国信息安全标准化委员会发布的《网络安全标准实践指南——网络数据分类分级指引》中,就把数据的统计、关联、挖掘或聚合等称为加工活动。所谓数据使用,则是将数据及其加工处理后的衍生数据用于生产生活中的过程。如《信息安全技术　个人信息安全规范》(GB/T 35273—2020)中就提出个人信息的使用包括(个性化)展示、用户画像和用于自动化决策机制等。在现实经济社会活动中,数据权利的实现最终要落实到数据的使用上,数据交易的对象实质上也是使用数据的权利,数据能够带来的相关收益需要通过数据的使用来获得。只有确定数据使用权利的归属,数据的流通交易才会具有明确对象,才会有确定数据价值高低的

---

① 童楠楠、窦悦、刘钊因:《中国特色数据要素产权制度体系构建研究》,《电子政务》2022 年第 2 期。

② 邓辉:《数据"三权分置"的新路径》,《中国社会科学报》2022 年 9 月 28 日。

依据。数据使用权利的"使用",指的是广义上的数据使用,包括除法律法规所禁止的形式之外数据开发利用的各种可能形式。数据使用权利归属于数据的持有者和经持有者授权的相关数据使用主体。在实际操作中,在数据交易流通市场中发生数据持有权转移相对比较困难(因为很多数据的持有权界定需要基于数据来源主体的授权同意)的情况下,较为常见和可行的方式是对数据使用权的授权许可。

三、数据产品经营权

数据产品经营权是指市场主体在数据资源持有者和相关数据主体的授权同意下对数据进行实质性加工和创造性劳动,形成数据产品和服务对外提供,从而获得经济收益的权利。根据《上海市数据条例》第四十九条的规定,数据产品和服务的形成以"实质性加工"和"创新性劳动"为前提。从本质上说,数据加工使用权和产品经营权的区别大致可类比农村土地承包权和承包经营权的差别:农村土地承包权是指农村集体经济组织成员享有依法承包由本集体经济组织发包的农村土地的权利;而农村土地承包经营权则是指土地承包经营权人依法对其承包经营的耕地、林地、草地享有占有、使用和收益的权利。与土地类似,数据产品经营权人大致可以包括两类,即原本就持有这部分数据资源的持有权人,以及通过交易等方式依法获得数据持有权或者使用权的主体。目前,很多地方数据立法已经在探索对数据产品经营权的界定。如《深圳经济特区数据条例》中明确了自然人、法人和非法人组织对其合法处理数据形成的数据产品和服务享有法律、行政法规及条例规定的财产权益,其与产品经营权涉及的权益有一定相似性。需要指出的是,在探讨数据产品经营权时,需要对数据产品(或服务)的权利属性再做深入辨析。因为在很多场景下,数据产品的具体表现形式可能表现为软件、平台、指数、模型、算法、报告等多种形态,而大多数数据产品或服务中均不同程度包含了数据、算法和算力三类基本要素。这其中,数据要素的权属界定可以沿着数据资源持有权、加工使用权和产品经营权的路径展开。但对数据产品中所包含的算法要素部分,则需要沿用知识产权的权属界定模式进行。2021 年以来,国家知识产权局正在推动数据知识产权登记确权试点,其目的就是对数据集合和数据产品层面所包含的知识产权要素进行保护,以更好促进数据交易流通。

总体来看,数据资源持有权、数据加工使用权和数据产品经营权是三组前后关联的权力束。如果我们延续前文所提出的数据要素一级市场(数据资源市场)和二级市场(数据产品和服务市场)的分野来思考这一问题,那么数据资源持有权是数据一级市场中的产权基础,数据产品经营权则主要界定了二级市场中的产权基础,而数据加工使用权则是推动数据从一级市场向二级市场流转的产权基础。

第四节 数据确权的基础设施:数据资产登记存证体系

数据资产的权属确认,是释放数据要素价值、推动数据要素流通、培育数据要素市场必须跨过的第一道坎。数据权属的界定和保障一方面需要从法律、标准规范和企业管控多层次多维度综合考量,另一方面也需要技术和基础设施的支撑和赋能。数据资产登记是数据产权界定的基础,国家数据资产登记存证平台作为支撑数据要素产权界定的重要基础设施,将数据来源、提供者、权利人、使用期限、使用次数、使用限制、安全等级、保密要求等作为事实确认下来,是打开数据定价、入场、监管等后续环节的链路开端。当前应当加快研究建设国家数据资产登记存证平台,在登记确权过程中逐步攻克数据资产确权的规范、标准、方法和解决方案等核心难点,在实践中探索,逐步形成完善的数据资产权属界定与保护体系,进一步建立面向数据资产的评估、流通、开发利用等全生命周期的制度和标准。

一、当前我国数据资产登记的发展现状

数据资产登记工作在国内起步较早,始于我国政务数据资源目录体系建设。2002 年,《国家信息化领导小组关于我国电子政务建设指导意见》首次提出电子政务信息资源目录体系建设。在 2016 年《国家"十三五"信息化规划》中提出"完善数据资产登记、定价、交易和知识产权保护等制度,探索培育数据交易市场"。2021 年《"十四五"国家信息化规划》中提出"探索建立统一规范的数据管理制度,制定数据登记、评估、定价、交易跟踪和安全审查机制"。总体来看,国家层面已经把数据资产登记看作是数据要素流通、数据资源开发利用等工作开展的重要基础,从制度体系、标准规范等方面加大推进力度。

行业标准层面,自 2016 年正式提出"实施政府数据资源清单管理""完善数据资产登记制度"以来,数据资产登记对象从政务数据、公共数据,发展到社会数据,全社会对数据资产登记的重要性和意义越来越认同,数据资产登记相关标准也在不断完善。早在 1989 年,我国发布了数据登记的国家标准 GB/T 12054—1989《数据处理转义序列的登记规程》,该标准规定了申请字符集登记所要遵循的规程。2001 年,国家标准 GB/T 18391.6—2001《信息技术　数据元的规范与标准化　第 6 部分:数据元的注册》则阐述了对不同应用领域所需的数据元进行注册和赋予国际唯一标识符的全过程,提出已注册的数据元唯一性的确定方式,制定了数据元注册簿至少包含的信息等。2006 年,国家标准 GB/T 20611—2006《智能运输系统　中央数据登记簿　数据管理机制要求》提出了中央数据登记簿在智能运输系统领域的作用,数据登记簿可向开发商和其他使用者提供数据概念,以方便在智能运输应用系统中广泛使用。直到 2021 年,国家标准 GB/T 40685—2021《信息技术服务　数据资产　管理要求》获批正式发布,作为全国首个正式发布的数据资产管理领域国家级标准,于 2022 年 5 月 1 日起正式实施。标准

制定了数据资产的管理总则、管理对象、管理过程和管理保障要求等,对数据资产目录方面作出了比较明确的要求,为数据资产登记提供依据和参照。

地方层面,多个省市在数据资产登记方面已开展多项探索尝试。自2017年贵州省发布首个关于政府数据资产管理登记的暂行办法后,不少省市和地方政府如上海市、广东省、山东省等陆续开展数据资产登记制度探索,先后发布出台地方数据管理办法或数据条例,提出本地区数据资产登记的政策框架。如《上海数据条例》提出"建立资产评估、登记结算、交易撮合、争议解决等市场运营体系,促进数据要素依法有序流动"。广东省2021年启动公共数据资产凭证改革试点,并颁布全国首张公共数据资产凭证,通过凭证来证明主体的身份、声明主体的权益、记录主体的行为,使数据资产初步具备进入市场流通的条件,并受到主管部门以及相关制度体系的监管与保护。山东省2020年发布了《数据(产品)登记管理办法》,搭建了数据(产品)登记平台,进一步明确了数据(产品)登记的申请、审查、批准、公示、发证等流程,依托全省统一的数据交易体系打造了数据(产品)登记平台,吸引各大运营商、浪潮、思极、卓创、大智慧、天眼查等数据企业的200余个数据产品上平台登记。

二、数据资产登记的总体思路

数据价值链描述了数据从原始数据,到数据资源、数据产品和数据资产的流动、价值创造和价值增值过程。数据资产登记需与数据价值链有机结合起来,把握其中的关键核心环节,才能更全面地发挥其作用。数据价值链主要由四类主体驱动,即数据的来源方、持有方、开发方和需求方。其中,数据来源方是指作为原始数据源头的自然人、法人或非法人组织;数据持有方是指根据法律、法规或合同约定对原始数据进行收集、记录、组织、构造、存储、调整、更改、检索等处理活动的自然人、法人或非法人组织,是原始数据的收集和实际控制主体;数据开发方是指负责对多源异构数据资源进行汇聚对接、清洗加工、开发利用,将非标准化的数据资源转化为数据产品的主体;数据需求方是指数据资源或产品最后的使用主体。

图4-2描述了数据从原始数据到数据资源、数据产品、数据资产的数据价值链过程。原始数据积累到一定规模,且由数据持有方经过必要的加工清洗处理和独立部署存储,形成具有潜在使用价值的数据资源。数据资源可直接或通过开发者进一步转化成为数据产品的方式参与市场流通。买卖双方进行供需互动匹配达成交易意向后,正式签署交易合约,随后进入交易交付阶段和需求方的使用阶段。

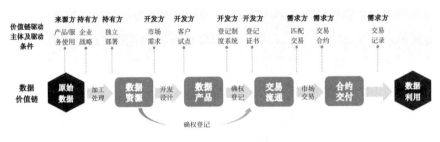

图 4-2　数据价值链

资料来源:笔者自绘。

在数据价值链的交易流通环节,根据交易标的不同,可将数据交易市场划分为两级(见图4-3)。一级市场由原始数据相关持有权、使用权或者经营权的转移构成,交易标的数据形态仍可辨认,如数据集、按调用次数计的条数据等。二级市场由经特定算法或模型加工处理后的数据产品交易构成,如经可视化、标签化、画像化、评分化等方式处理的数据产品。通过一级市场获得的数据相关权利,可由数据开发方通过算法和模型开发,形成二级市场交易标的,通过二级市场进行交易。

三、把握"两类三环节"登记形态

登记的主要目的是事实确认、权属界定和监督管理,重点是把握数据价值链中数据形态和权利变更,主要涉及数据资源和数据产品两大类三个关

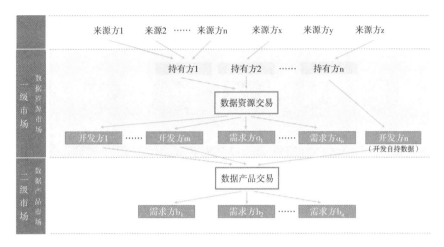

图 4-3 数据交易一级市场和二级市场

资料来源：笔者自绘。

键节点（见图 4-4）：一是从原始数据采集到形成数据资源的节点。原始数据在获得数据来源者同意或存在法定事由情况下，经过数据持有者或使用者的数据采集、清洗和加工，转换为数据资源，数据持有方或者使用方在此过程中投入了劳动和其他要素，需确保其合法权益。二是从数据资源到形成数据产品的节点。数据资源经过开发使用方深度加工、分析等形成数据产品，数据开发使用方在此过程中投入了劳动和其他要素，同样需要确保相关利益方的权利义务。三是数据资源或数据产品进行交易的节点。数据资源和产品交易后，其持有权、使用权、经营权等权利发生变化，为加强对数据资产流通过程的监督管理，保障交易主体权益，并降低相关利害关系人为调查利益受损信息所需要的成本，需对该环节进行必要监管。

　　基于对数据资产登记关键节点的分析，我们认为数据资产登记是指数据资产登记存证机构依据程序将有关申请人的数据资产权利及其事项、流通交易记录记载于数据资产系统中，取得数据资产登记证书，并供他人查阅的行为。基于此，数据资产登记主要包括数据资源登记、数据产品登记和数据流

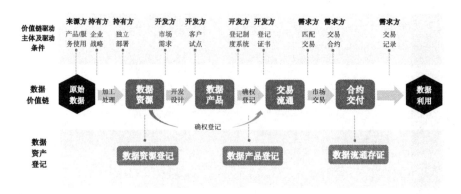

图 4-4　数据价值链和三个核心环节

资料来源:笔者自绘。

通存证三个主要环节,其分别适用不同层级的数据交易市场(见图4-5)。

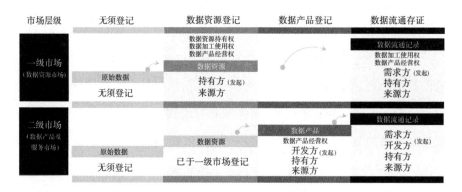

图 4-5　两级数据交易市场与三类数据资产登记

资料来源:笔者自绘。

　　数据资源登记与数据产品登记之间的关系可以从三个方面加以界定:首先,从业务属性上说,数据资源登记可以视为数据产品登记的前置环节。如果某个数据资源在登记平台予以登记,则该数据资源可能会被设计加工成若干个数据产品;但也有可能该数据资源一直没有形成数据产品,而直接进入交易市场。当数据资源登记系统与数据产品登记系统相联通时,数据来源等基本信息方面可以避免重复输入,可以比较方便地开展数据产品登记。其次,从权属属性上说,数据资源登记关注的数据权属内容比较全面。数据资源登记簿的主要内容除数据资源的基本信息外,主要包括数据资源持有主体信息、数据资源使用权和经营权受让主体信息等方面。而数据产品登记的主要功能是界定数据产品的使用权、经营权,并提供数据产品所基于数据的溯源功能。数据产品登记簿的主要内容除数据产品基本信息外,主要包括数据产品使用权、经营权主体信息及转移授权信息,以及数据产品所采用的数据资源相关信息。最后,从功能属性上说,数据资源登记的主要功能是界定数据资源的持有权,并为下一步的数据资产确权、数据资产确认(入表)和交易准入提供依据。而数据产品登记的主要功能类似软件著作权登记,其主要功能是事实确认,即数据产品登记不作为权属生效的要件,但可为追究侵权留下证据,为相关各方提供保护。

表4-1 数据资源登记、数据产品登记和数据流通存证的区别

登记类别	数据资源登记	数据产品登记	数据流通存证
适用市场	一级市场	二级市场	一级、二级市场
登记目的	以事实记录、权属界定、统计汇总为主	以事实记录、权属界定、统计汇总为主	以事实记录、流通交易、监督管理为主
登记客体	数据资源,登记基本单位尚需界定,需要在实践中探索	基本的登记单位是标准化的数据产品	数据资产和产品的交易记录
登记主体	数据资源的持有方和来源方	数据产品的开发方、持有方和来源方	数据资源流通登记的主体为需求方、持有方和来源方;数据产品流通登记的主体为需求方、开发方、持有方和来源方
登记内容	可包括数据资源的名称、类型、简介(包含但不限于数据规模、覆盖范围、覆盖时间等)、应用场景、取得方式、使用限制、敏感性声明等	可包括数据产品的名称、类型、应用场景、使用说明、敏感性声明、数据样例、所用数据资源等	可包括流通标的名称、成交日期、成交金额、标的内容简介、用途、使用期限、使用次数、使用限制、安全登记、保密要求等

资料来源:笔者整理而成。

1. 数据资源登记

数据资源登记是指对数据资源的权利及其事项进行登记的行为,指经权利人申请,数据资产登记存证机构依据法定程序将有关申请人的数据资源权利事项记载于数据资产登记系统中,取得数据资源登记证书,并供他人查阅的行为。因此,数据资源登记的目的是数据资源"实物"的确权,证明登记者拥有该数据资源,资源登记以后即可挂牌上市,进入流通交易环节。

数据资源登记的主体应包含数据资源的来源方和持有方,数据资源登记的申请人(发起人)一般是数据资源的持有方,实际上所有的企业或政府机构均可以进行数据资源的申请登记。数据资源登记的内容可包括数据资源的名称、类型、简介(包含但不限于数据规模、覆盖范围、覆盖时间等)、应用场景、取得方式、使用限制、敏感性声明等。

2. 数据产品登记

数据产品登记是指对数据产品的权利及其事项进行登记的过程,经数据产品的开发方申请,数据资产登记存证机构依据规则将数据产品的权利事项予以审核并记载于系统中,取得数据产品登记证书,并供市场参与者查阅。数据产品登记的目的是数据产品"实物"的确权,证明登记者拥有该数据产品,产品登记以后即可挂牌上市,进入流通交易环节。

数据产品登记的主体应包含数据产品的开发方、数据产品所用数据资源的持有方和来源方。数据产品登记的内容可包括数据产品的名称、类型、应用场景、使用说明、敏感性声明、数据样例、所用数据资源等。

3. 数据流通存证

数据流通存证是利用区块链等技术对数据资源和数据产品的交易行为进行存证的过程。原则上说,数据资源或数据产品已经交易成功,则交易场所就应当依据规则将交易记录记载于存证系统中,并供市场参与者查阅。数据流通存证的目的是记载数据资源和数据产品流通的来龙去脉,通过凭证来证明主体的身份、声明主体的权益、记录主体的行为,形成不可抵赖的证据,确保交易行为的真实性和合法性。此外,数据流通存证为数据资源或数据产品的市场价值评估提供有效凭证,为数据资产入表提供核验证据。

根据交易标的的不同,数据流通存证可分为数据资源流通存证和数据产品流通存证。数据资源流通存证的登记主体应包括数据资源的需求方、持有方和来源方,申请人(发起人)一般是数据资源的需求方,同时需获得数据持有方的确认;数据产品流通存证的登记主体应包括数据产品的需求方、开发方、持有方和来源方,申请人一般是数据产品的需求方,同时需获得数据产品开发方的确认。数据流通存证的登记内容可包括流通标的名称、成交日期、成交金额、标的内容简介、用途、使用期限、使用次数、使用限制、安全登记、保密要求等。

总之,数据资产登记贯穿于数据流通交易的全过程,是数据产权确定的前提和基础,其涵盖从数据资源或数据产品上市进入流通交易环节之前的确权合规性登记,到每次交易后交易事实的登记。可以说,数据资产登记的本质是对数据资源和产品流通全生命周期的记录,是数据流通交易系统不可缺少的组成部分,是规范数据交易过程,确保数据安全流通、有序高效流通的重要保证。

第五章

数据要素的供给体系

近年来,我国经济体制改革的一个重要方向是突出供给侧结构性改革,数据要素市场也不例外,在数据要素供给方面更应加快改革开放步伐,没有丰富高质量的数据要素供给,数据要素市场就不可能发展完善。但与土地、人才、资本等传统要素相比,数据要素作为一种全新要素形态,其供给端存在供给主体责权利不清、供给意愿不强、供给质量参差不齐、政企之间相互供给机制不畅等问题,成为当前阶段制约数据要素市场快速发展的重要瓶颈。因此,现阶段下,建立完善合规高效的公共数据、产业数据和个人信息数据要素供给制度十分关键。

第一节　建立以分级分类管理为核心的
公共数据供给体系

为增加政府数据供给,《中华人民共和国国民经济和社会发展第十四个五年规划和 2035 年远景目标纲要》明确提出,开展政府数据授权运营试点,鼓励第三方深化对公共数据的挖掘利用。秉持公共数据取之于民、用之于民的原则,可探索由公共数据管理机构统一授权运营,合理制定定价标准和收益分配机制,依法依规委托具有资质的市场主体,围绕实体经济发展和人民生活便捷需要,不断深化公共数据挖掘利用,监督市场主体保护公共数据安全、保障采集和开发利用符合公众利益。鼓励公共数据以产品和服务等形式向社会提供,严格管控原始公共数据直接进入市场,保障公共数据供给使用的公共利益。

一、持续推进政府数据共享开放

(一)政务数据共享

推进政府内部跨部门、跨地区、跨层级业务数据的共享汇聚,是数字政府建设的重要基础能力,能够有效增加公共部门内部的数据供给,大幅度提高公共服务水平和科学决策能力。应当指出的是,数据(信息)共享并不是一个新命题,可以说自我国电子政务建设起步起,国家就大力倡导政务数据共享。如2002年发布的被称为我国电子政务建设全面启动的标志性文件《中共中央办公厅、国务院办公厅关于转发〈国家信息化领导小组关于我国电子政务建设指导意见〉的通知》中,就明确要求:"电子政务建设必须充分利用已有的网络基础、业务系统和信息资源,加强整合,促进互联互通、信息共享,使有限的资源发挥最大效益。"表5-1列出了从2002年至今重要电子政务建设政策文件中对共享汇聚问题的表述,可以发现,共享汇聚难,一直是伴随我国电子政务发展的重要瓶颈。

表5-1 重要政策文件中对共享汇聚问题的表述

序号	年份	问题表述	文件
1	2002	信息资源开发利用滞后,互联互通不畅,共享程度低	《中共中央办公厅、国务院办公厅关于转发〈国家信息化领导小组关于我国电子政务建设指导意见〉的通知》

续表

序号	年份	问题表述	文 件
2	2004	政务信息资源共享困难、采集重复	《中共中央办公厅、国务院办公厅关于加强信息资源开发利用工作的若干意见》
3	2011	行业与地方间条块矛盾突出、信息共享和业务协同难以推进	《关于印发〈国家电子政务"十二五"规划〉的通知》
4	2012	信息共享、业务协同和服务应用程度需进一步提高	《国家发展改革委关于印发"十二五"国家政务信息化工程建设规划的通知》
5	2015	政府数据开放共享不足、产业基础薄弱、缺乏顶层设计和统筹规划	《国务院关于印发促进大数据发展行动纲要的通知》
6	2016	信息资源开发利用和公共数据开放共享水平不高	《国务院关于印发 "十三五"国家信息化规划的通知》
7	2017	互联互通难、信息共享难、业务协同难	《国家发展改革委关于印发"十三五"国家政务信息化工程建设规划的通知》
8	2017	各自为政、条块分割、烟囱林立、信息孤岛	《国务院办公厅关于印发政务信息系统整合共享实施方案的通知》
9	2021	国家数据资源体系建设滞后,数据要素价值潜力尚未有效激活	《"十四五"国家信息化规划》
10	2022	数据壁垒依然存在,网络安全保障体系还有不少突出短板	《国务院关于加强数字政府建设的指导意见》

资料来源:笔者整理而成。

随着国家大数据战略和数字中国、数字政府建设的持续深入推进,以应用驱动的政务数据整合共享模式逐渐清晰。2017 年 5 月 3 日,国务院办公厅印发《政务信息系统整合共享实施方案》(以下简称《实施方案》),要求2017 年年底前实现国务院各部门整合后的政务信息系统统一接入国家数据共享交换平台,各地区结合实际统筹推进本地区政务信息系统整合共享工作,初步实现国务院部门和地方政府信息系统互联互通。2018 年 7 月,国务院印发《关于加快推进全国一体化在线政务服务平台建设的指导意见》(以下简称《指导意见》),就深入推进"互联网+政务服务",加快建设全国一体化在线政务服务平台,全面推进政务服务"一网通办"作出部署。

《指导意见》提出了五年四阶段的工作目标,到 2018 年年底前,国家政务服务平台主体功能建设基本完成,实现试点的上海、江苏、浙江、安徽、山东、广东、重庆、四川、贵州等 9 个省市和国家发展改革委、教育部、公安部、人力资源和社会保障部、商务部、市场监管总局等 6 个部门与国家政务服务平台对接;到 2019 年年底前,国家政务服务平台上线运行,全国一体化在线政务服务平台框架初步形成;到 2020 年年底前,各地区各部门平台与国家平台做到应接尽接,政务服务事项应上尽上,国务院部门数据共享满足地方普遍性政务需求,全国一体化在线政务服务平台基本建成;到 2022 年年底前,全国范围内政务服务事项基本做到标准统一、整体联动、业务协同,除法律法规另有规定或涉密等外,政务服务事项全部纳入平台办理,全面实现"一网通办"。

目前,我国在公共数据共享方面已经取得长足进步,国家发展改革委牵头的国家数据共享交换平台已成为跨部门、跨地区数据共享交换总枢纽,连接中央各部委和 32 个省、自治区、直辖市,归集政务数据超过 110 亿条。新冠肺炎疫情期间,大数据等技术被广泛应用于监测和精准调度人口流动,助力防控部门判断高风险人群区域分布,为疫情筛选提供靶向参考,从而精准施策,提高防控效果。如新冠肺炎疫情暴发之初,浙江省通过大数据分析出,全省涉湖北省旅居经历的人员信息超过 30 万人,疫情有蔓延风险,并作出相应防控对策,并支撑人员返程、企业复工复产、地区物资资源等分析研判。

在国外,政务数据整合共享同样被置于数字政府建设的核心位置。如新加坡政府推进建设的"风险评估和水平扫描"系统(Risk Assessment and Horizon Scanning,RAHS)①,其应用范围从应对恐怖主义和传染病逐步扩展到民生领域,并为新加坡政府在住房、教育和食品安全等方面提供帮助。新加坡公务员通过 RAHS 设置情景和分析大数据,他们能做的不仅仅是提前

---

① Harris S.,"The Social Laboratory",*Foreign Policy*,Vol.207,2014,pp.64~71.

发现炸弹和窃听,还可以用这一项目来计划政府采购周期和预算、预测经济走势、制定移民政策、研究房地产市场以及为新加坡的孩子制订教育计划。他们还可以分析 Facebook 上的发言、推特上的消息以及其他社交媒体数据,以从政府的社会政策到潜在的社会骚乱中分析定位"国家情绪"。如 RHAS 系统曾被用于研究人们在对孩子的教育程度上的态度,以及该不该把新加坡历史作为一门评价学生素质的重要课程来实施;新加坡旅游局还利用这一技术来分析下一个十年中哪些人会来新加坡旅游;新加坡官方还通过大数据分析研究"可替代食物",以减少新加坡对食物进口的依赖等。

在整体性政府阶段,数据资源和数字化应用第一次站在了政府行政过程的中心位置,通过将数字化技术置于机构层级的核心,将跨层级的数据管理从原先的个体部门管理转移到集中化的"智能中心"模式,与之相应的,则是大数据技术应用与政府公共决策智能化融为一体,并彻底改变了公共政策过程的组织结构,重塑公共政策主体的思维范式和行为方式。下一步,面向超大规模数据要素市场培育,应当继续着力构建"大数据+国家重大战略"公共数据资源共享汇聚体系,围绕推进供给侧结构性改革、"一带一路"倡议、"放管服"改革、区域经济协调发展和经济新旧动能转换等重点方向,形成支撑党中央国务院重大决策、服务各级政府履行职能和产业决策服务等大数据主题资源库。配合国家数据共享交换平台建设,通过数据共享交换平台、实时业务流数据调用接口库、前置数据处理采集终端、嵌入式行为数据采集等多种方式有效归集跨部门政务数据。重点面向交通物流、资源能源、生态环保、互联网金融、交易支付、电子商务、移动位置、医疗健康、卫星遥感、企业纳税、民生服务、招聘就业等跨地域、跨行业、跨层级应用领域,建设若干政府机构、事业单位和社会化机构一体化业务流数据实时归集平台。

(二)公共数据开放

公共数据开放是公共部门向社会供给数据的重要途径,是调动社会数

据有效应用的倍增器。公共数据开放运动最早兴起于美国,2009 年 1 月,
奥巴马政府签署了《开放透明政府备忘录》,要求建立更加开放透明、参与、
合作的政府。同年,开通了数据门户网站 Data.gov,颁布了《开放政府指
令》,自此拉开了全球开放数据运动的帷幕。2011 年 9 月 20 日,巴西、印度
尼西亚、墨西哥、挪威、菲律宾、南非、英国、美国等 8 个国家联合签署《开放
数据声明》,成立开放政府联盟(Open Government Partnership,OGP)。在全
球开放数据运动的推动下,各国均制定了较为完善的开放政策及法规(见
表 5-2),为数据开放提供政策支撑。各国推动公共数据开放的主要目的既
有推动透明政府建设的因素[1],但更多则是为了推动以公共数据为纽带的
产学研协同创新。如 2011 年成立的英国数据开放研究所(Open Data Insti-
tute,ODI)就提出其主要目的是"帮助企业发掘数据开放所带来的机遇"。
加拿大则将开放数据视为"刺激私人机构创新"的重要途径。[2]

表 5-2　部分国家政府数据开放的主要政策

国家	数据开放政策	颁布时间	核心内容
美国	开放政府指令	2009.12	各政府机构要在线发布政府信息,提升政府信息的质量,营造一种开放政府文化并使其制度化,相关机构为开放政府制定可行的政策框架
	13526 号总统令	2009.12	要求政府机构减少对政府信息的过度定级,并要定期进行信息解密,促使政府信息的定密和解密程序上具有更大开放性和透明度
	13556 号总统令	2010.11	为敏感但非涉密信息创建开放、标准的系统,减少对公众的过度隐瞒
	实现政府信息开放和机器可读取总统行政命令	2013.5	要求政府数据的默认状态应该是开放的和计算机可读的,增强数据的可获取性和可用性

---

[1]　Ashlock P.,*The Biggest Failure of Open Data in Government*,Open Knowledge Foundation,2013.

[2]　Clement T.,*Minister Clement Releases Open Government Action Plan*,Government of Canada,2012.

续表

国家	数据开放政策	颁布时间	核心内容
英国	开放数据白皮书	2012.6	政府各部门应增强公共数据可存取性,促进更智慧的数据利用。各政府部门均需制定更为详细的两年期数据开放策略
	开放政府联盟:英国国家行动计划(2013—2015)	2013.10	承诺将制定政府拥有的所有数据集列表;发布地方政府数据透明性法案,要求地方政府开放关键信息和数据;到2015年使英国成为开放政府联盟中透明度最高的国家
澳大利亚	开放政府宣言	2010.7	加强公众存取政府信息的权利,创新在线方式使政府信息更易于存取和使用,营造一种信息开放的文化环境。修改完善《信息自由法》并建立澳大利亚信息委员会办公室,制定更为详细的信息开放方案
	开放公共部门信息原则	2011.5	信息的默认状态应是可以开放存取的;增强在线与公众的交流;将信息作为核心战略资产进行管理,实现高效信息治理;确保信息被公众及时查找与方便利用;明确公众对信息的再利用权利等
法国	政府部门公共信息再利用	2011.5	配合法国数据开放门户 data.gouv.fr 的运行,规定了政府部门所掌握信息和数据的开放格式和标准、收费、开放数据集的选择以及数据使用许可
	公共数据开放和共享路线图	2013.2	更广泛便捷开放公共数据,促进创新性再利用,为数据开放共享创造文化氛围并改进现有法规框架等
	政府数据开放手册	2013.9	全面指导公共部门对于开放数据政策的理解
日本	电子政务开放数据战略	2012.7	确立四大原则:政府积极公开数据;公开机器可读格式的数据;不管是否用于商业用途都可公开;循序渐进,着手具体的措施

资料来源:笔者整理而成。

　　我国政府高度重视推动公共数据开放工作。2017年2月6日,中央全面深化改革领导小组第三十二次审议通过了《关于推进公共信息资源开放的若干意见》,要求推进公共信息资源开放,加强规划布局,进一步强化信息资源深度整合,进一步促进信息惠民,进一步发挥数据大国、大市场优势,促进信息资源规模化创新应用,着力推进重点领域公共信息资源开放,释放经济价值和社会效应。2018 年 1 月,中央网信办、国家发展改革委、工信部联合印发《公共信息资源开放试点工作方案》,确定在北京市、上海市、浙江省、福建省、贵州省五地开展公共信息资源开放试点,要求试点地区结合实际制定具体实施方案,明确试点范围,细化任务措施,积极认真有序开展相关工作,着力提高开放数据质量,促进社会化利用,探索建立制度规范。目前国家公共数据开放网站即将开通上线。地方政府积极探索推进公共数据开放。据复旦大学数字与移动治理实验室联合国家信息中心数字中国研究院编制的《中国地方政府数据开放报告——城市(2021 年度)》统计,截至 2021 年年底,我国已有 193 个省级和城市的地方政府上线了数据开放平台,其中省级平台 20 个(含省和自治区,不包括直辖市和港澳台),城市平台 173 个(含直辖市、副省级与地级行政区)。全国地级及以上政府数据开放平台数量增长显著,从 2017 年的 20 个快速发展到 2021 年下半年的 193 个。以公共数据开放为牵引,各地通过举办创新创业大赛、建设大数据创新孵化器等方式吸引数字经济领域创新资源集聚。如上海市自 2015 年以来已连续举办七届开放数据创新应用大赛(Shanghai Open Data Application,以下简称"SODA 大赛"),总计吸引 2700 多支创新创业团队、逾 13900 人参赛,产出创新产品约 2250 余个,获奖作品累计达到 139 项。SODA 大赛还在赛事承办方上海市北高新园区内设立 SODA 创新孵化器(SODA SPACE),打造"品牌赛事+系列活动+孵化落地+产业生态"的良性闭环,让更多优秀项目参加赛事的同时,也可以享受落地孵化的专业服务,目前已有二十余家团队成功落地创新孵化器。

二、积极探索公共数据授权运营新模式

自全球公共数据开放运动启动以来,在取得一系列创新发展成效的同时,也有很多学者指出公共数据开放面临的一些瓶颈性问题。如英国学者

阿曼达·克拉克(Amanda Clarke)等①指出,很多时候开放给公众的数据集并不能提升政府过程(Government Processes),当开放数据仅仅是由于上级部门的指令要求,而这些开放数据对政府部门本身工作并没有任何回馈时,开放数据项目的可持续性值得质疑。换句话说,如果政府部门仅仅是例行公事式地将数据进行开放,那么这些数据就会缺乏生命力,没人更新这些数据,数据使用者无法进行纵向分析,也就不能用于指导政府工作的改进。在英国,有些官员将开放数据描述为仅是由一小群爱好者推动的"桌角项目"。为了解决公共数据开放模式下政府持续性动力机制的问题,近年来一些地方政府和研究者开始提出探索公共数据授权运营等新模式,以有效解决公共数据免费开放供给使得数据供给流于形式、缺乏内生供给动力等问题。

　　所谓公共数据授权运营,是指在依法依规的前提下,推动公共数据定向对特定群体开放,由特定群体对公共数据进行定制加工和增值服务的一种公共数据开发利用模式,这种授权运营具有显著的市场化特征。尽管公共数据授权运营是新兴事物,但学术界对公共部门信息或数据增值开发应用的关注由来已久。我国学者陈传夫等②早在2010年就指出公共部门信息资源可通过授权或许可的方式,由公共部门以外的力量进行增值开发,提供给社会使用,这种增值利用包括商业性开发和公益性开发两种主要方式。在已有研究中,不少学者已认识到公共数据的收益产生并被合理分配是公共数据授权运营得以实现的根基,认为就公共数据授权运营收取合理费用具有必要性:一是为公共财政提供适当的资金补偿,支持公共机构加强公共

　　① Clarke A., Margetts H., "Governments and Citizens Getting to Know Each Other? Open, Closed, and Big Data in Public Management Reform", *Policy & Internet*, Vol. 6, No. 4, 2014, pp.393-417.
　　② 陈传夫、冉从敬:《法律信息增值利用的制度需求与对策建议》,《图书与情报》2010年第6期。

数据的归集和治理,更有利于公共数据的开发利用。二是授权运营不同于数据开放,满足的是特定主体的数据需求,不属于政府必须提供的公共产品,存在特定受益者。如果完全由财政列支,则属于全体纳税人为个别市场主体的个性化需求买单,有必要建立"利益返还"制度,由政府向被授权主体收取一定的费用,把特定受益者获取的部分利益返还给社会全体,实现公共利益的还原。① 三是被授权主体向公共机构支付必要的费用,可以激励其对公共数据资源进行充分的开发利用以获取超额收益,避免出现"公地悲剧"。

(一)公共数据授权运营的基本模式

公共数据资源是政府主管部门或承担公共职能的机构在履职活动中形成的数据,属于公共部门在履行公共管理和公共服务职责时形成或衍生的资源。在公共数据利用时,应当尽可能确保公共数据能够最大限度地满足全社会的利用需要,避免出现市场垄断。从发展趋势看,公共数据授权运营是未来有效增加公共数据供给的主要方式之一。

从国内外实践来看,公共数据授权运营模式可以分为三类:一是政府以免费或成本补偿等方式授权市场化数据使用单位。这类运营方式以欧美为代表,是由政府搭建公共数据平台,通过协议、许可等方式,以免费或成本补偿的定价机制鼓励社会主体开展公共数据的开发利用。二是政府部门通过下属事业单位向社会主体开展市场化服务。这类运营模式以某些专业性较强的公共数据领域较为多见,如气象数据等,事业单位负责具体运营,所得收益用于补偿本部门运营成本。三是委托国有企业进行市场化运作。这类运营方式近年来较为常见,如北京金融公共数据授权运营、成都公共数据运营、海南省数据产品超市等,即授权本地国有企业开展市场化的授权运营,

---

① 江利红:《日本受益者负担制度研究》,《四川农业大学学报》2007 年第 2 期。

所得收益通过国有企业利润上缴的方式进入地方财政。

在第二种和第三种运营模式中，都存在一个授权运营单位。具体运作模式是：由政府主管机构授权运营单位对公共数据进行运营；主管机构对其进行监督管理；数源部门将数据汇聚至公共数据资源平台，使用单位提出申请，经过数源单位授权确认之后，运营单位通过增值开发向使用单位提供数据产品和服务。授权运营的都是数据的使用权，没有改变部门的数据管理权限。

（二）相关参与主体与责任

一是监督管理机构。从国内外的实践来看，均设立了公共数据授权运营的监督管理机构。国内综合性政府数据运营的监督管理机构一般为各地大数据主管部门，如北京金融领域公共数据授权运营的监督管理机构是经济和信息化委员会。英国设有公共部门信息办公室（Office of Public Sector Information，OPSI），主要负责制定一致和非歧视性条款、设立透明的价格机制和许可机制及快速而简单的申诉程序。在公共数据授权运营中，监督管理机构的角色与责任主要包括：公共数据授权运营许可的发布者、公共数据授权运营基本服务的提供者、公共数据安全的管控者等几方面。

二是公共职能部门和机构。公共职能部门、相关企事业单位等数据来源机构是数据提供单位，即数源单位。公共职能部门和机构应承担的义务包括：依照授权运营合同约定提供公共数据资源、持续提升公共数据质量、承担公共数据瑕疵担保及某些数据安全义务。

三是授权运营服务单位。公共数据属于公有制生产资料范畴，但生产资料归全民所有并不意味着必须由全民共同参与生产资料的占有与管理，而是将生产资料依法委托给政府部门负责管理。具体到公共数据而言，公共数据一旦被依法确定为生产资料，按照生产资料社会主义公有制和保障、巩固国有经济发展的要求，政府可优先将公共数据作为出资交由事业单位或国有企业展开运营,此时代表国家履行出资人职能的政府行使授权使用的权利。其主要职责包括:建设、维护、管理数据运营服务平台,负责公共数据运营服务平台上数据的日常管理,负责与数据利用主体的需求沟通并提供数据产品或服务等。

四是数据使用主体。公共数据使用者应承担的义务包括:严格依法依约使用公共数据,不得用于协议或合同约定之外的其他用途,不得将获取数据有偿或无偿转让第三方,并承担因违法或违约使用公共数据而引发的各项法律责任。同时,公共数据从数据提供者转移至数据使用者的同时也产生数据安全风险的转移,公共数据使用者必须承担维护公共数据安全的义务。依照相关规定,数据使用者应接受政府机关或公共数据提供者对其利用公共数据的行为进行追踪、评估和监管。

(三)公共数据授权运营的收费机制

对公共数据授权运营后所承载的财产权益如何确认、开发、利用与分配,一直是学者们关注的焦点,从研究内容看,学者们多从数据权属的讨论入手来分析公共数据授权运营的收益分配实现问题。较多研究认为公共数据属于新型公共资源,应归属国家所有。基于数据原发者理论,有学者通过构建"数据原发者"的概念来锚定数据权益的归属,认为数据权益应当属于那些"数据得以产生的创造者"。例如,若数据来源于自然人(如上网记录、行踪轨迹等),则权益属于自然人;对于气象、地理等公共信息,由于不存在数据原发者,故权益应归国家所有。[1] 基于劳动财产理论,劳动与数据价值的关联作为证成所有权归属的理由。公共数据系政府在公共财政支持下依法取得,因而宛如政府的劳动所得,故理应归政府所有。[2] 基于生产资料理

---

[1]　申卫星:《论数据用益权》,《中国社会科学》2020 年第 11 期。
[2]　赵加兵:《公共数据归属政府的合理性及法律意义》,《河南财经政法大学学报》2021 年第 1 期。

论,公共数据具备改变商业模式和管理模式的潜在价值,属于生产资料的范畴。公共数据归所有劳动者共同所有,政府代表人民管理公共数据,但最终收益全民共享①。政府数据属于国有财产的前提下,也有公产和私产之分,国有公产为全体社会公众所必须,可用于公共开放,国有私产不具有普遍性,应交由市场来配置,通过商业化运营实现保值增值。②

总体而言,各地区、各部门可在行业主管部门、价格部门、财政部门指导下,结合数据核算成本,参照行政管理类、资源补偿类收费标准和流程,制定本地区、本系统(行业)数据利用收费标准管理办法,指导对市场化主体进行收费,对经营目的的数据利用进行合理收费/市场调节收费。

一是设定以成本和用途为导向的公共数据授权运营价格确定机制。目前公共数据的定价机制依据总体而言可分为两个基本维度。其一,用途导向的维度。即根据公共数据授权运营的目的设计分级分类收费机制。公共数据授权运营收费机制与公共数据用途密切相关,基本原则是:推动用于公共治理、公益事业的公共数据有条件无偿使用,探索用于产业发展、行业发展的公共数据有条件有偿使用。其二,成本导向的维度。公共数据授权运营的定价主要依据成本补偿不得高于实际收益的基本原则进行收费。其在操作中又可分为收取边际成本(即提供数据或服务中额外产生的如数据处理、传输、审查等的费用),以及收取全部成本(包括原始数据采集、存储等成本)两种方式。从国外实践看,目前美国采取的是不高于收取边际成本的方法,期望通过低收费来促进公共数据的应用。英国的国家技术标准收费则采用的是收取全部成本的方案,欧盟也曾经采取这种方式,但目前已经转变为第一种方式。总体而言,当前我国采取边际成本定价方式可能更适

① 中国信息通信研究院:《数据治理研究报告——数据要素权益配置路径(2022)》,中国信通院政策与经济研究所2022年版。

② 李海敏:《我国政府数据的法律属性与开放之道》,《行政法学研究》2020年第6期。

合当前国情和产业发展实际需求。各地区、各部门可根据本地区、本部门的实际情况,建立数据成本核算制度,统筹考虑数据采集、存储、加工、管理等因素,分类核算数据成本,作为数据利用的收费参考标准。

二是确定灵活的公共数据授权运营收益分配方式。公共数据授权运营费用支付方式指的是数据利用主体应当以何种方式将约定的交易价款提供给卖方。应当允许双方自主约定公共数据授权运营费用支付方式,可以选择以货币形式一次性结清,也可以分批分次结清价款。其具体方式可包括以下几种:(1)许可收费。指通过许可授权协议的形式,确定公共数据的使用费用。如英国《再利用许可费用政策》基于数据使用目的不同,收取许可费用或成本分摊费用。许可收费制度所建构起的非独占许可模式在保障公共数据资源安全的同时,以公开公平公正的方式在全体市场主体之间进行资源配置。同时,公共数据运营机构和市场主体也通过授权获得了政府数据的使用权、收益权,能够合法、安全、有序地开发利用公共数据。公共数据的数源行政单位可根据授权运营公共数据的数量、质量、范围及目的等设定相应的授权运营许可收费机制。① (2)行政收费。行政收费的实质是政府及行政单位在提供公共服务、公共设施等的过程中面向特定行政相对人收取的成本费、对价费。在公共数据授权运营采用行政收费方式进行收益分配时,收费行为应由公共数据的行政数源单位发起,收费对象是经过行政数源单位和政府授权的公共数据资源运营机构。行政收费标准的核定应当遵循合理补偿有限资源使用、行政管理或者公共服务成本的原则,不得收取超过成本的费用。(3)数据财政。与主张免费、公益的政府数据开放相比,公共数据授权运营更强调市场化目标下,通过公共数据的增值开发利用所带来的商业收入,由此形成以数据相关的税费收入为主要来源的地方财政收

---

① 赵加兵:《公共数据开放许可的规范建构》,《河南牧业经济学院学报》2020 年第 3 期。

入范式,有学者将其总结为类比于土地财政的"数据财政"①。在实际操作中,可考虑将市局等部门对自身掌握公共数据授权运营的次数记为考核指标,授权运营累计次数越多,则来年从财政中获取的"信息建设费用"专项拨款越多。如贵州省公共资源交易综合金融服务平台收入将部分用于反哺其数源单位省公共资源交易中心的信息化建设。(4)技术能力反哺。在部分公共数据授权运营场景中,数源单位、授权运营单位和使用方的收益分配机制无法清晰界定,也可采用提供技术服务等方式对价运营收费。公共数据运营单位可引导外部数据和技术流入,为数源单位提供数据和技术反哺服务。如成都市公共数据授权运营中,规定运营单位应为数源单位对接市场主体提供技术服务。② 公共数据经授权运营形成的普惠性数据产品和服务,也可向数源单位提供以提高其数据治理和公共服务水平,如贵阳市"数字治税"应用平台为各数源单位提供智慧税务增值服务,有效支持地方经济的统计分析、疫情防控和经济决策。

下一步,要着力加快推进公共数据资源社会化、增值化开发利用。推动重点领域高价值数据集向社会开放,促进公共数据开发利用。为激活公共数据供给,应探索建立公共数据授权运营制度,建立"免费+有偿"相结合的公共数据开发利用模式,坚持基础数据与公益性数据无偿开放,探索依据数据深度加工及用途用量的市场化有偿服务机制,有效拉动数据交易流通。主要包括三方面内容:一是探索建立公共数据资产分类计量体系,建立公共数据资产确权登记和评估制度,加强公共数据资产凭证生成、存储、归集、流转和应用的全流程管理。二是确立公共数据授权运营管理与运行机制,探索将公共数据纳入公共资源配置范畴,选择通过前置审查的数据运营单位,

---

① 谢波峰、朱扬勇:《数据财政框架和实现路径探索》,《财政研究》2020 年第 7 期。

② 张会平、顾勤、徐忠波:《政府数据授权运营的实现机制与内在机理研究——以成都市为例》,《电子政务》2021 年第 5 期。

约定其在一定期限和范围内运营公共数据。三是制定公共数据利用收费标准管理办法与收益分配机制,统筹考虑数据采集、存储、加工、管理等因素,加快研究公共数据成本核算标准,作为公共数据授权运营收费标准参考。面向行政部门、公共事企业单位等公共数据数源单位制定合理的收益分配机制与激励机制。

表5-3 国外公共数据授权运营利益分配机制

国家或地区	对数源单位的利益分配方式	相关法律法规依据
美国	政府信息大部分免费提供或收取的费用不超出复制和传递的边际成本	《信息自由法》《隐私权法》《开放政府指令》《开放数据政策》等
欧盟	当收取费用时,提供或许可再利用这些文档的总费用不应超出生产、复制和传递文档的成本,可以再加上一种合理的投资回报	《开放数据和公共部门信息指令》《公共部门信息再利用指令》等
英国	政府数据使用必须要以取得许可为前提,依据利用目的的不同收取成本分费用或许可费用	《英国政府许可框架》《再利用许可费用政策》
新西兰	政府持有的数据和信息的使用应为免费的,只有明确表明定价不会成为数据利用和重用的障碍时,可以通过收取一定费用抵消其传播的成本	《新西兰数据和信息管理原则》

资料来源:笔者整理而成。

第二节 建立以赋能实体经济为导向的产业数据供给体系

对于各类市场主体在生产经营活动中采集加工的不涉及个人信息和公共利益的企业数据,推动由市场主体享有数据持有、支配和收益的权利,确保投入的要素资源获得合理回报。

一、充分发挥龙头企业带动作用,显著提升社会数据供给水平

除政府作为单一最大数据资源供给者外,对数据供给影响最大的当数行

业龙头企业和平台性企业,应当从建立匹配产业链发展的数据供应链出发,引导大型国有企业、行业龙头企业、互联网平台企业、产业园区服务平台等载体发挥打造产业数据链的带头作用。首先,应当注重发挥国有企业带头作用,鼓励探索国有企业数据授权使用新模式,将数字化转型、数据要素供给等纳入国企考核。其次,可以引导大型央企国企、大型互联网企业将具有公共属性的数据要素开放至数据交易市场,促进行业龙头企业、互联网平台企业与中小微企业双向授权,共同使用数据,赋能中小企业数字化转型。最后,积极引导鼓励产业园、产业集群创新数据供给模式,探索建立以数据供应链为纽带的产业园数据服务体系。促进隐私计算、区块链、人工智能等新技术在数据要素市场的应用,发展相关领域数据技术服务产业,提升在数据采集、加工、分析、流通和智能化应用等数据全生命周期的技术能力和服务水平。

二、建立社会数据资源归集体系,提升战略性产业数据供给能力

2017 年 12 月,习近平总书记在第二次中央政治局集体学习会上提出,要"加强政企合作、多方参与,加快公共服务领域数据集中和共享,推进同企业积累的社会数据进行平台对接,形成社会治理强大合力"①。当前,随着互联网的飞速发展,互联网上动辄涉及数亿甚至数十亿人流、物流、资金流的大数据应用层出不穷。居于市场垄断地位的互联网企业拥有十分庞大的业务体系,其掌握的数据资源之多、覆盖范围之广已经在很多方面接近甚至超过政府部门对于经济社会运行情况的了解。而目前我们缺乏针对电商物流、移动定位、金融支付等社会化经济社会运行数据的统一采集和分析利用机制,对政府开展宏观调控、行业监管、经济调度等造成了很大难度。针对上述问题,应当尽早形成跨部门、跨层级、跨区域数据统筹管理调度体系,

---

① 中共中央党史和文献研究院编:《习近平关于网络强国论述摘编》,中央文献出版社2021 年版,第 135 页。

做到在决策过程中让数据"如臂使指",有效提升党中央、国务院和各级党委政府的科学决策能力和政策执行力。

一是建立互联网数据采集汇聚平台。拓展互联网数据采集渠道,建设面向重点互联网公司、大数据企业和社会第三方机构的大数据采集平台,依法依规推进电子商务、消费记录、信用记录、位置信息、空间地理、交通物流、创新创业、城市运行、价格信息、民生服务、音频视频、电信数据等第三方数据源的统一获取和合作机制建设,在保障涉密信息资源安全的前提下,探索利用社会力量形成大数据采集众包模式。

二是建立全域时空数据采集汇聚平台。基于天地一体化的民用空间基础设施,实现对空、天、地、海、电、网全域空间的大数据采集汇聚,服务国土资源、防灾减灾、环境保护、农林水利、交通运输等国民经济重要领域的广域精细化应用提供数据支撑保障。

三是建立全国物联网数据采集汇聚平台。在智能网联汽车领域,实现位置数据、车辆健康数据、行驶轨迹数据、道路环境数据等物联网数据的采集和汇聚;在智能家居领域,实现红外传感器、温度传感器、图像感知器等物联网数据采集和汇聚;在工业领域,实现工业环境下的温度、压力、流量、阻抗等智能传感器数据采集和汇聚;在能源领域,实现电压、电流、水量、产能等数据的采集和汇聚。

四是完善全球数据采集汇聚体系。为切实增加海外优质数据供给,为我国外向型企业提供数据服务,应当通过多种方式探索归集世界各国经济产业、政策法规、规划计划、项目工程、投资贸易、科研机构、企业组织、旅游及文化交流、社会舆情等各方面信息,重点建设国际贸易、航运物流、金融支付、跨境电商、投资项目等专题数据体系,逐步形成全球性数据服务能力。

三、出台标准规范和鼓励性政策,促进产业数据高质量供给

影响产业数据供给的一个关键因素是数据的标准化水平。当前,欧美

等国大多通过约定标准化合同等方式保护产业数据流转,以不断强化企业数据供给激励。我国应支持第三方机构、中介服务组织加强数据采集和质量评估标准制定,大力扶持专注于提供标准化数据产品的企业,推动数据产品标准化,发展壮大数据加工分析产业。引导数据密集型行业企业主动对接实体经济场景需求,加强智能制造、自动驾驶、智能语音等产业数据的采集和价值挖掘,不断拓展数据供给类型,提供优质的数据产品和服务。

推行政府和市场主体数据要素管理规范贯标工作。充分发挥社会组织和第三方作用,加快推动数据管理成熟度(DCMM)、数据安全能力建设框架(DSMM)等国家标准贯标工作,推动各部门、各行业完善元数据管理、数据脱敏、数据质量、价值评估等标准体系,有效提升各行业、各地区数据资源高质量供给水平,提高全社会数据要素综合治理和质量监管能力。制定分级分类数据合规接入标准,打造跨部门跨行业信息共享交换的"统一话语体系"。注重加强不同数据交易机构在市场准入和退出、主体信用管理、监管程序和措施、安全技术要求等方面的协调性和衔接性。鼓励交易机构、数据商、第三方服务机构、行业协会等探索完善数据采集、数据脱敏、数据质量、数据管理、数据价值评估等方面标准规范建设和规范贯标工作,打造高价值数据资源体系。

四、规范引导数据要素型企业的产品供给

未来,高质量产业数据供给需要依托大量以数据的采集、整理、清洗、分析、应用、交易以及数据衍生产品和服务为主营业务和核心能力的数据要素型企业。为严格落实《数据安全法》《个人信息保护法》等相关法律规定,需要围绕数据要素收集、存储、使用、加工、传输、提供、公开等环节,推动数据要素型企业在法律遵从、数据确权、质量管控、社会公益等方面承担数据安全、个人信息保护、企业商业秘密保护等法律责任。

一是建立数据要素企业认定准入制度。主要包含两方面内容。一方面,制定数据要素型企业认定管理办法及认定管理工作指引,确立实施数据

要素型企业的扶持政策标准和依据,制定相应税收优惠政策的资格标准,明确管理机构与实施部门;另一方面,对在数据要素市场中出具审计报告、产品报告、检测报告等的第三方服务机构资质加以认证,授权有资质的第三方数据资产评估机构开展数据要素型企业评估认定辅助工作。

二是探索建立税收引导和优惠制度。结合数据要素登记存证制度与交易所认证方式,对认证后的数据开放共享行为实施相应的税收优惠激励政策,促进企业数据的开放共享应用。针对合格数据提供商的数据产品,鼓励数据进入数据交易市场,提供优惠的税收政策,可在现有的增值税体系上,研究适用软件企业超3%税负即征即退的税收优惠待遇,所得税适用15%所得税优惠政策。为鼓励企业数据进行具有公共属性数据的开放共享,探索"以数抵税"制度,研究出台面向企业开放共享数据的数据税收抵扣政策。推动将企业采购数据费用纳入研发投入费用,享受研发费用加计扣除税收优惠政策。

三是探索建立数据保荐人制度。为增强数据交易市场信用、提高监管效率,可充分借鉴证券市场成功经验,建立数据交易市场的保荐人制度,保荐人(包括保荐机构和保荐代表人)作为数据资产上架交易的"总背书人",依法依规承担辅导推荐、监督审核和名义担保等职责。保荐人制度主要包含三方面内容:(1)制定数据交易市场保荐管理办法,明确保荐人需具备的执业资格要求和选拔机制,保荐人应遵守的业务规则、行业规范,以及保荐人应尽的尽职调查、信息披露和承担担保责任等义务;(2)明确数据供应方、保荐人与律师、会计、评估等其他职能中介机构的责任划分,确保保荐人以外的中介机构尽职审慎出具专业意见并独立承担法律责任,数据保荐人向数据监管部门出具的资料应确保真实性、准确性和完整性,并对其他中介机构出具的专业意见书承担法律责任;(3)鼓励行业协会组织加强对保荐人的执业培训和定期考核,提高执业水平和职业道德。

四是建立数据流通交易承诺制度。围绕数据来源、数据权属、数据质量、数据使用等方面,推行面向数据服务商及第三方专业服务机构的数据流通交易承诺制,签订承诺责任书等同于具有法律约束效力,违反承诺责任将依法依规受到经济处罚、行政处罚,以此加强数据交易市场安全监管和秩序规范,持续推动整治安全泄露、垄断、不正当竞争等违法违规行为。

五是建立完善统一的信息披露制度。为建设数据交易市场的信用制度和规范的秩序,数据交易市场信息披露制度应包含四方面内容:(1)交易主体信息公开披露机制,如工商登记信息、行业资质、经营状况、失信记录等交易主体信息,加强对数据交易主体的资质管理;(2)交易标的相关信息披露机制,引入第三方服务机构,围绕数据合规水平、数据安全风险、数据质量等级、数据资产价格、交易主体数据治理水平等方面开展评估,消除市场信息不对称影响;(3)数据交易信息披露机制,扩大交易信息收集范围,整合分散在各类数据交易所、数据交易中心、数据交易平台的相关信息,推动各地各市场之间监管信息共享;(4)建立数据交易市场违法、违规、失信等投诉公示机制,将数据交易行为纳入市场主体信用记录,作为对市场主体事中事后监管的重要依据。

第三节　建立以确保合规安全为前提的
个人数据供给体系

随着互联网产业飞速发展,大数据广泛应用,个人隐私数据保护问题备受关注。但过去由于传统观念、信息环境、技术手段和立法规划等方面的原因,我国的个人信息保护一直没有得到应有的重视,也没有制定专门针对个人信息保护方面的法律。随着 2021 年《个人信息保护法》颁布,构建合规安全的个人数据市场已经初步具备条件,下一步应探索建立个人数据授权机制,着力培育个人数据市场。

一、建立兼顾个人信息保护和促进个人数据流通的制度安排

从全球各主要经济体对于个人信息数据的规则原则来看,各国均倾向于在保护个人隐私和人格权益的前提下,最大可能促进个人信息数据进入数据要素市场。如以严格保护个人隐私信息著称的欧盟《通用数据保护条例》(GDPR)的第 1 条"主旨与目标"中开宗明义提出,"不得以保护自然人个人数据处理为由,限制或禁止个人数据在欧盟的自由流动"。2022 年 2 月公布的欧盟《数据法案》(提案)中进一步明确提出,允许用户访问由其联网设备产生的数据(通常仅由制造商采集),并可向第三方分享这些数据,以便提供售后或其他数据驱动的创新服务。

我国《个人信息保护法》中,就"个人信息处理规则""个人信息跨境提供的规则""个人在个人信息处理活动中的权利""个人信息处理者的义务""履行个人信息保护职责的部门"等,以及相关各方的"法律责任"作出了明确界定。该法统筹私人主体和公权力机关的义务与责任,兼顾个人信息保护与利用,为个人信息保护提供了清晰的法律依据。总体而言,对于承载个人信息的数据,鼓励数据处理者按个人授权范围采集、持有和使用数据,但应严格按照个人授权在最小范围内采集、持有、托管和使用数据,规范个人信息处理活动,促进个人信息合理利用。其主要目的是避免过度收集个人信息数据,防止个人信息数据的无序收集、不当泄露、过度滥用及非法牟利。加强个人数据权益的保障,严厉打击违法违规使用个人数据的行为,制止市场主体以市场支配地位要求个人非自愿授权数据。对于涉及国家安全的特殊个人信息数据,可以由政府相关部门依法授权使用。创新技术手段应用,提供适应数据要素发展的网络、身份认证等匿名化公共服务,保障使用个人信息数据时的信息安全和隐私。

二、探索数据信托等促进个人数据流通的创新机制

当前,以互联网巨头为代表的数据型垄断现象日益得到各方关注,与传

统企业主要通过规模经济和市场化优势实现垄断不同,数据型企业垄断可以通过平台采集的底层数据对用户实施精准画像,准确定位用户所需要的产品,对其开展定向营销,以数据垄断获取市场垄断。尽管《个人信息保护法》明确授予个体控制和保护其个人隐私数据的权力,但在实施过程中,个人在面对强势企业博弈时,往往处于劣势地位。在实际操作中,具有市场支配地位的平台经济领域经营者往往倾向于对用户信息"能收尽收",用户第一次使用互联网软件的时候,必须同意协议中对于隐私权的使用权利约定,该协议往往事实上成为平台无限度使用个体数据的免责条款。当数据不断增多,算法不断精细,用户很容易就被平台捆绑,导致个人数据过度采集和隐私泄露等问题日益普遍。

　　"数据信托"模式被认为是能够有效帮助个人和平台博弈、平衡安全与发展的有效解决方案。2021 年,麻省理工科技评论（MIT Technology Review）将数据信托评为 2021 年"十大突破性技术"之一。信息（数据）信托的概念最早由耶鲁大学教授杰克·巴金（Jack M.Balkin）于 2016 年提出①,其主张在隐私数据保护领域,基于信托工具规范数据主体与数据控制人之间的法律和经济关系。2017 年,戴姆·温迪·豪（Dame Wendy Hall）和杰罗姆·佩森蒂（Jérôme Pesenti）教授联合撰写的《发展英国的人工智能产业》报告中,正式从相对官方的角度提出数据信托的构想,"为了促进持有数据的组织和希望使用数据开发人工智能的组织之间的数据共享,政府和行业应该提供一个开发数据信托的项目——经过证明的和可信的框架和协议——以确保交换是安全和互利的"。受该报告影响,开放数据研究所联合英国政府人工智能办公室和英国技术战略委员会的创新英国项目（Innovate UK）,从 2018 年 12 月到 2019 年 3 月在打击非法野生动物贸易、城市

---

　　①　Balkin J. M., "Information Fiduciaries and the First Amendment", *UCDL Rev.*, Vol. 49, 2015, p.1183.

数据共享和食物浪费情况评估等领域开展了三个数据信托试点。2018年，日本政府发布《创新活动行动计划》①，提出在个人数据领域加快制定必要的指导方针，促进和规范民间团体在取得认证资格后，履行信息信托功能，即以个人指令或同意在一定条件下认可为条件，向第三者提供适当的个人数据。

概言之，数据信托就是在数据来源方、数据持有者、数据使用者以及包括前面三者在内的利益相关者之间的一个专业数据管理第三方，其核心任务是在保障数据安全和隐私的前提下提供数据开放使用的渠道，以降低管理和使用数据的成本和技术阻碍。通过数据信托机制，受托人通过规定的方式决定谁可以访问受信托控制的数据以及谁可以使用这些数据，在数据使用方未能遵守信托规则和条件使用数据的情况下，受托人可以撤销数据用户访问权限，而不是让用户离开数据用户所提供的商品和服务，避免将决策和数据失控的风险负担放在数据个人身上，通过数据受托人代表集体的方式抗衡数据控制者（实际持有者）②。下一步我国可积极探索创新个人数据参与流通应用的方式，建立"个人数据信托"机制，由受托者代表个人利益，委托、监督市场主体对个人数据进行采集、加工和使用，通过市场机制实现个人数据参与收益分配，丰富个人资产类型，提高个人参与数据要素流通应用的积极性。

第四节 建立有利于提升数据要素供给质量的评估体系

加快培育供求匹配高效、标准制度统一、市场运行规范、产品质量可控的数据要素市场，应当在全社会范围内构建一个可以类比实物商品流通领

---

① 日本内阁府:创新活动行动计划,《日本内阁府》2018年6月15日。
② 章琦:《作为数据治理方式的数据信托》,《上海法学研究》2022年第5卷。

域质量评估体系的数据资源和产品质量评估管理体系,促使数据生产者规范数据结构、提升数据质量,逐步建立起完善的数据质量管理体系,推动数据产品像现代工业品一样流水线标准化操作和生产。工业和信息化部2021年11月发布《"十四五"大数据产业发展规划》中专门提出"加强数据高质量治理"的任务,有针对性地提出了数据质量管理的具体要求,包括围绕数据全生命周期,通过质量监控、诊断评估、清洗修复、数据维护等方式,提高数据质量,确保数据可用、好用;完善数据管理能力评估体系,推动《数据管理能力成熟度评估模型》,并通过数据治理能力提升行动,提升企业数据管理能力,构建行业数据治理体系。在管理上达到这些要求,才能提升数据质量和数据标准化程度,使数据真正成为生产要素。

目前,业界针对一般意义上的数据质量管理已经形成了较为体系化的标准规范和评估框架体系。

标准规范方面。(1)国家标准GB/T 36344—2018《信息技术 数据质量评价指标》将数据质量定义为:在指定条件下使用时,数据的特性满足明确的和隐含的要求的程度。GB/T 36344—2018还列出了数据质量评价指标框架和具体的指标说明,包括指标编号、指标名称、指标描述和计算方法,"是实施数据质量评价的最小集",并附上了数据质量评价过程,可作为构建数据质量管理体系的基本依据。标准中提出了规范性、完整性、准确性、一致性、时效性和可访问性的数据质量评价指标,适用于数据生命周期各个阶段的数据质量评价。(2)更加完善的数据质量管理标准是国际通用的ISO 8000,其由ISO工业自动化系统与集成技术委员会ISO TC 184/SC4负责制定并发布,主要包括通用数据质量、主数据质量、业务数据质量和产品数据质量四个方面。(3)针对特定领域数据质量规范的国家标准,如GB/T 18784—2002、GB/T 28441—2012和GB/T 31594—2015等分别对CAD/CAM、车载导航电子数据质量和社会保险核心业务数据质量进行了规范和要求。

评估框架方面。目前国际主流评估框架有数据质量评估框架(Data Quality Assessment Framework，DQAF)、信息管理质量评价框架(Assessment Information Management Quality，AIMQ)、数据质量审计框架(Data Quality Audit，DQA)等。(1)数据质量评估框架(DQAF)的基本思路是基于质量维度的客观方面定义一系列测量方法，质量评估维度包括完备性、及时性、有效性、一致性和完整性等5个维度，包括48个通用测量类型。(2)信息管理质量评价框架(AIMQ)的基本思路是通过问卷调查的主观数据评估方式来评估数据质量，质量评估维度有固有质量、情境质量、可表达性质量、可访问性质量等4个维度，共包括15个指标。(3)数据质量审计框架(DQA)的基本思路是同时支持主观评价和客观评价，认为主观数据质量评价反映的是信息用户的需求，而客观数据评价是基于数据本身，其评估维度共有16个。

在数据要素市场环境下，除参考上述标准规范和评估框架之外，还应该考虑不同情境下不同的数据使用者对数据的"使用适合性"要求不同，因此需要结合数据使用者的需求和目标，即站在用户的角度开展数据质量评估。具体操作上，可以从对全阶数据资源和数据产品的质量监督管理，对元数据质量的监督管理，以及相关质量监督管理工作机制的完善等三个方面分别展开。①

一、适配多阶数据要素形态的质量评估

为满足通用性要求，数据交易中的数据产品质量评估框架采用主流的级联式结构。同时，为了反映数据产品特定个体的价值属性，从以国家数据

① 黄倩倩、赵正、刘钊因：《数据流通交易场景下数据质量综合管理体系与技术框架研究》，《数据分析与知识发现》2022年第1期。

质量评价标准(GB/T 36344—2018)为基础的综合评估框架中所描述的全部数据集共有的质量维度,延伸到专项评估框架中适用于特定数据产品的更为详细的内容,建立对数据产品质量评估标准从一般到具体、再到更为详尽的描述过程。

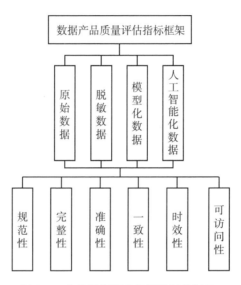

图 5-1　多阶数据要素的质量评估框架

资料来源:黄倩倩、赵正、刘钊因:《数据流通交易场景下数据质量综合管理体系与技术框架研究》,《数据分析与知识发现》2022 年第 1 期。

图 5-1 是适用于数据交易的数据产品质量评估框架,按数据产品的四阶形态进行划分,采用国家标准的六个质量维度,各个质量维度的描述与国家标准保持一致。针对四阶数据要素的六大类评价指标,是实施数据产品质量评价的最小集。指标分为必选指标和可选指标,必选指标用于衡量数据产品质量的基础特性,可选指标用于满足不同场景需求以确保评估框架的适应性。评估框架设定了与场景强相关的"场景类指标"概念,在具体开展数据产品质量评估时,可根据实际需要进行指标新增,保证评估框架的泛化性。具体如表 5-4 所示。

表5-4 数据产品质量评价框架

规范性

评估指标	数据标准	数据模型	业务规则	元数据	安全规范	脱敏规范	模型规范	人工智能模型规范
指标含义	评价数据产品是否符合数据标准	数据符合模型的度量	数据符合业务规则的度量	数据符合元数据定义的度量，评价内容包括但不限于数据质量类型、格式、值域等元数据的一致性	评价产品安全和隐私方面规则建立与实施情况，包括但不限于数据权限管理、数据脱敏规则等	评价数据集中满足脱敏要求的元素数量占元素总数量的比例	模型的代码、算法、输出等符合模型规则的度量	人工智能模型的代码、算法、输出等规则符合模型规范的度量
评估方式	计算机辅助检查	计算机辅助检查	计算机辅助检查	计算机自动检查	人工评估	计算机辅助检查	计算机辅助检查	计算机辅助检查
原始数据集	●	●	●	●	●	/	/	/
脱敏数据集	●	●	●	●	●	●	/	/
模型化数据集	○	○	○	○	●	/	●	/
人工智能数据集	○	○	○	○	●	/	/	●

完整性

评估指标	数据元素完整性	数据记录完整性	模型功能完整性
指标含义	按照业务规则要求，数据集中应被赋值的数据元素的赋值记录程度	按照业务规则要求，数据集中应被赋值的数据赋值记录程度	按照业务规则要求，工智能化数据所使用数据集中应被赋值的数据记录的赋值程度
评估方式	计算机自动检查	计算机自动检查	计算机辅助检查
原始数据集	●	●	/
脱敏数据集	●	●	/
模型化数据集	/	/	/
人工智能数据集	○	○	●

准确性

评估指标	唯一性	重复率	脏数据出现率	格式正确性	结果正确性	建模过程准确度	建模应用准确度	拟合程度	对抗性样本防御	数据集注准覆盖度	数据集注准确度
指标含义	特定字段、记录、文件或数据集唯一性的度量	特定字段、记录、文件或数据意外重复的度量	特定字段、记录、文件或数据意外或重复的度量	数据格式（数据类型、数据长度、精度度等）是否满足预期要求	输出结果是否正确反映其实际信息相关特征	评估人工智能化数据在建模过程的模型准确性	评估人工智能化数据在建模应用的模型准确性	评估人工智能化模型的拟合程度	评估模型对于对抗性样本的防御能力	训练数据集中已注数据的度量	训练数据中所抽取样本的注数准确性度量

续表

评估指标	准确性										
	唯一性	重复率	脏数据出现率	格式正确性	结果正确性	建模过程准确度	建模应用准确度	拟合程度	对抗性样本防御	数据集注覆盖度	数据集注准确度
评估方式	计算机自动检查	计算机自动检查	计算机自动检查	计算机辅助检查	计算机辅助检查	计算机辅助检查	计算机辅助检查	计算机辅助检查	计算机辅助检查	计算机自动检查	计算机辅助检查
原始数据集	●	●	●	●	/	/	/	/	/	/	/
脱敏数据集	●	●	●	●	/	/	/	/	/	/	/
模型化数据集	○	○	○	○	●	/	/	/	/	○	○
人工智能化数据	/	/	/	/	/	○	●	○	○	○	○

评估指标	一致性			时效性			可访问性		场景类指标
	相同数据一致性	关联数据一致性	数据特征一致性	时间段正确性	时间点及时性	时序性	数据可访问性	模型响应时间	场景类指标
指标含义	同一数据在不同位置存储或被不同应用使用时,数据的一致性;数据发生变化时,存储在同一位置的同一数据被同步修改	根据一致性约束规则检查关联数据的一致性,包括但不限于数据结构、逻辑关系和存在的关系等	评价脱敏后数据对原始数据特征的体现程度,包括但不限于数据结构特征与数据统计特征	评价数据产品的更新频率(按天/周/月/季/年等)符合用户需求的程度	评价数据产品的更新延迟对影响用户需求的程度	数据集中同一数据元、实体间的数据之间的相对时序关系	评价同一数据产品在同需要时的可获取性	评价人工智能模型在同一需求下的响应合程度	根据场景需求新增的指标
评估方式	计算机辅助检查	计算机辅助检查	/	计算机辅助检查	计算机辅助检查	计算机辅助检查	计算机自动检查	计算机辅助检查	/
原始数据集	●	●	/	●	●	●	●	/	○

续表

评估指标	一致性			时效性			可访问性		场景类指标
	关联数据一致性	相同数据一致性	数据特征一致性	时间段正确性	时间点及时性	时序性	数据可访问性	模型响应时间	
脱敏数据集	●	●	●	●	●	●	●	/	○
模型化数据集	○	●	/	●	●	●	●	/	○
人工智能化数据	○	○	/	●	●	○	●	●	○

注：●必选指标 ○可选指标。
资料来源：黄倩倩、赵正、刘桐因：《数据流通交易场场景下数据质量综合管理体系与技术框架研究》，《数据分析与知识发现》2022年第1期。

二、针对元数据的质量评估

元数据是描述数据的数据，数据质量的采集规则和检查规则本身也是一种数据，由元数据来描述。面对庞大的数据种类和结构，如果没有元数据来描述这些数据，使用者无法准确地获取所需信息。正是通过元数据，海量的数据才可以被理解、使用，才会产生价值。元数据比数据内容的通用性更强，可以用通用性和系统性的方法评价，因此更适用于数据交易情境。虽然面向元数据质量的研究还不多，但一些权威的数据资源建设标准如都柏林核心（Dublin Core）、DCAT 标准等具有较强的参考意义。且和数据内容质量相比，元数据评价的指标很多都是客观的二元变量，比如是否可访问、是否存在邮件链接、是否拥有许可证等，更加简单且容易获取，也更加容易开展定量评价。如果把数据产品看作商品，那么其元数据就是商品的说明书或生产手册，对作为被交易对象的数据产品具有重要意义。

三、数据要素质量动态管理体系

在数据要素市场的构建过程中，数据供方、数据商、数据交易机构、数据需方、数据评估服务机构等相关主体都需要建设数据管理系统或数据生产平台以实现数据的产品化，但数据要想真正成为一种生产要素，还需要通过一系列制度和技术手段，使之真正具备规范性、完整性、准确形、一致性、时效性和可访问性。具体到数据产品交易流程中，可以分为数据产品交易前、数据产品交易中、数据产品交易后三个阶段，由数据审核方对即将发生流通和交易的数据产品进行自行检核，并进一步有针对性地根据场景及业务需求提升各环节的数据质量（见图5-2）。当前，应当加快推行政府和市场主体数据要素管理规范贯标工作，推动各部门、各行业完善元数据管理、数据脱敏、数据质量、价值评估等标准体系。

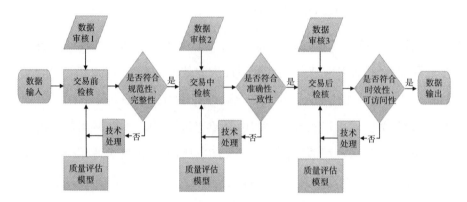

图 5-2 数据产品交易质量管理流程

资料来源:黄倩倩、赵正、刘钊因:《数据流通交易场景下数据质量综合管理体系与技术框架研究》,《数据分析与知识发现》2022 年第 1 期。

第六章

数据要素的流通体系

　　要素流动是经济活动向一体化发展的体现。经济学中最早对于生产要素流动的研究源自国际贸易中的绝对竞争优势和相对竞争优势理论,并逐步延伸到区域和产业间的要素流动问题。卡斯特认为①,信息和通信技术的高度发达,将改变实体经济的空间概念,世界经济将由"地点空间"(Space of Place)转向"流动空间"(Space of Flows),而"流动空间"的特征,就是跨越了广大领域而建立起功能性链接,在物理性的地理上则有明显的不连续性。早在20世纪90年代,卡佩罗(Capello)②和斯塔吉拉(Stratigea)③等就开始

---

① Castells M., *The Rise of the Network Society*, Blackwell Publishing Ltd., 1996.

② Capello R., Nijkamp P., "Telecommunications as a Catalyst Development Strategy", *NET-COM: Réseaux, Communication et Territoires/Networks and Communication Studies*, Vol.7, No.1, 1993, pp.1-66.

③ Stratigea A., Giaoutzi M., "Teleworking and Virtual Organization in the Urban and Regional Context", *NETCOM: Réseaux, Communication et Territoires/Networks and Communication Studies*, Vol.14, No.3, 2000, pp.331-357.

关注信息要素流动对区域集聚发展的影响。路紫①认为,信息通信能够将遥远地方的节点和城市中心联系在一起,形成"由信息和通信技术产生的通道",使得基于数据、信息和知识连接而构成网络城市。

我国数据流通交易市场总体上处于起步阶段,存在统筹规划不够、场外交易乱象丛生、生态培育严重不足、标准规范仍有缺失等问题,亟须强化数据流通交易市场体系顶层统筹。当前绝大多数交易均依靠"点对点"场外交易方式,缺乏统一数据要素流通场所作为依托,缺乏针对交易对手方和数据产品的评估体系,数据质量难保障,交易各方缺乏基本信任。因此,在明确数据要素产权和激活供给后,应当吸收借鉴土地、资本、技术等要素市场体系的经验,着手建立数据来源可确认、使用范围可界定、流通过程可追溯、安全风险可防范的数据要素流通体系,推动数据交易各方建立有效信任机制。

从数据要素流通的角度,可以将数据划分为公共数据(公共部门持有)和社会化数据(企业、机构和个人持有)两大部类。基于此,可以把全社会数据要素流动划分为三条路径,即数据共享(政府、企业内部)、数据开放(政府和企业对社会免费开放)和数据交易(相关主体间的数据或数据产品采购)。广义而言,这三条数据流动路径都会对经济社会发展产生促进作用,因此都应当纳入数据要素市场体系的范畴之中。狭义而言,数据要素市场是上述三条路径中需要发生交易结算场景的专门性服务场所,具体场景包括三个部分:其一是在实现公共数据普惠化开放的基础上,探索面向特定对象的有偿增值化服务;其二是政府采购社会化数据;其三是社会化主体之间的数据交易。

---

① 路紫:《信息经济地理论》,科学出版社2006年版,第63页。

第一节　建立"所商分离"的数据交易
生态体系

一、数据交易市场生态链分析

我国数据交易市场经过多年发展,正在向形成较为完整的产业生态链方向发展,主要包括以下几方面:(1)数据提供方,如各级政府部门、移动运营商等综合性数据提供方,邓白氏、万得、上海钢联等行业数据服务商;(2)数据需求方,目前主要集中在金融机构和互联网公司;(3)数据交易场所和平台,如各地方政府推动成立的数据交易所、交易中心,京东万象、浪潮天元等企业数据交易平台;(4)数据交易技术支撑方,如数牍科技、蓝象智联、华控清交、富数科技等隐私计算服务提供商,为交易双方提供"可用不可见"的数据可信流通服务;(5)第三方专业服务机构,包括交易数据的合规性审计、数据资产评估、数据安全评估、数据公证服务等;(6)新型数据交易中介机构,近年来数据经纪人(Data Broker)、数据信托、数据银行(Data Bank)等创新模式不断出现。① 从本质上讲,这些服务形态都是为了有效联通各方数据资源、推动数据要素高效流通的一种商业模式。目前,这些创新型商业模式开始得到各类数据交易机构广泛认可,如2021年7月印发的《北京市关于加快建设全球数字经济标杆城市的实施方案》就明确指出,"支持发展联通政府、企业、个人的数据平台交易、数据银行、数据信托和数据中介服务模式"。

下面重点就数据交易场所、新型中介机构和交易技术支撑机构的发展情况进行介绍。

---

① 李振华、王同益:《数据中介的多元模式探析》,《大数据》2022年第4期。

（1）数据交易场所和平台。近年来，随着全球各国鼓励和推动数据要素市场建设，国内外均涌现出一批有一定影响力的数据交易所、交易中心及交易平台。肖姆（Schomm）、斯塔尔（Stahl）等曾围绕数据市场领域开展了一系列调研，对数据市场的定价渠道①、商业模式②、市场主体③④、未来趋势⑤等进行了系统分析。此外，很多研究者还提出了一些具体的数据交易机制⑥⑦⑧。国内数据交易场所建设起步于 2015 年前后，近几年发展很快，据不完全统计，截至 2022 年年底国内由副省级以上政府牵头组建的数据交易场所已超过 30 所，其中明确以"数据交易所"命名的交易场所已有贵阳大数据交易所、北京国际大数据交易所、上海数据交易所、福建大数据交易所、湖南大数据交易所、广州数据交易所、深圳数据交易所等 7 家。其中绝大多数交易所牌照均由当地政府掌握的原有其他知识产权等领域交易所牌照改造而来，如贵阳大数据交易所改组自贵州技术产权交易所、湖南大数据交易所改组自长沙技术产权交易所、福建大数据交易所改组自福建海峡文化产权交易所等。除了上述专门的数据交易场所之外，近年来很多 IT 头部企业

① Muschalle, Alexander, et al., "Pricing Approaches for Data Markets", *International Workshop on Business Intelligence for the Real-time Enterprise*, Springer, 2012, pp.129–144.

② Stahl F., Schomm F., Vossen G., et al., "A Classification Framework for Data Marketplaces", *Vietnam Journal of Computer Science*, Vol.3, No.3, 2016, pp.137–143.

③ Stahl F., Schomm F., Vossen G., "The Data Marketplace Survey Revisited", *European Research Center for Information Systems*, 2014.

④ Stahl F., Schomm F., Vossen G., "Data Marketplaces: An Emerging Species", *Frontiers in Artificial Intelligence & Applications*, 2014, pp.145–158.

⑤ Stahl F., Schomm F., Vomfell L., et al., "Marketplaces for Digital Data: Quo Vadis?", *European Research Center for Information Systems*, 2015.

⑥ Mashayekhy L., Nejad M.M., Grosu D., "A Two-sided Market Mechanism for Trading Big Data Computing Commodities", *2014 IEEE International Conference On Big Data (Big Data)*, IEEE, 2014, pp.153–158.

⑦ Möller, Knud, Leigh Dodds, "The Kasabi Information Marketplace", *21nd World Wide Web Conference*, Lyon, France, 2012.

⑧ Cao T.D., Pham T.V., Vu Q.H., et al., "MARSA: A Marketplace for Realtime Human Sensing Data", *ACM Transactions on Internet Technology (TOIT)*, Vol.16, No.3, 2016, pp.1–21.

依托自身庞大的云服务和数据资源体系,也在构建各自的数据交易平台,以此作为打造数据要素流通生态的核心抓手。比较知名的如阿里数加、腾讯大数据、百度数智、京东万象、浪潮天元等。

(2)数据经纪人。广东等地方提出数据经纪人制度试点,通过培育提供增值服务的各类数据经纪商,提高数据交易效率。数据经纪商在美国较为常见,较为知名的如安塞诚(Acxiom)、链睿(LiveRamp)、得利捷(Datalogix)等。美国佛蒙特州、加利福尼亚州等多个州已推出《数据经纪商法案》,明确对数据经纪人的管理规则。下一步我国探索完善的数据经纪人制度主要包含三方面内容:一是建立数据经纪人的认定标准和管理机制,设立经纪业务牌照,国家级和区域级数据经纪商分别由国家交易所、地方交易中心认定和管理,明确经纪商在交易所和交易中心的会员资格;二是明确数据经纪人的业务范围和执业规范,在相关主管部门依法监督管理及交易场所指导下允许经纪人从事数据开发、数据发布、数据承销和数据资产管理等业务;三是实施数据经纪人的行业分级分类管理,比如面向互联网等数据密集型行业、智能制造等实体经济行业、新技术创新等科技行业培育专精特新的行业级经纪商。

(3)数据信托。所谓数据信托,顾名思义就是指将数据作为信托法律关系的一种标的物,形成数据受托人、委托人、受益人三方之间的稳定责权利关系。在数据要素市场培育中,可以借鉴并适当放大数据信托概念的外延,通过建立数据托管人制度,培育创新服务模式、运行机制和技术应用。未来建立更加完善的数据信托体系还要强化三方面工作:一是建立面向公共数据、企业数据、个人数据的分级分类数据托管管理体系,深入研究三类数据的产权登记确认、资产入表等事宜,突出托管人制度在数据治理和数据资产化等方面的价值体现;二是构建委托人、受托人、受益人、数据使用者、第三方服务机构等不同主体间的数据托管运作架构、责任机制和分配机制;

三是建立"零信任"数据托管技术框架,推动数据可信流通、异构数据统一标识、跨链融合、隐私计算互联互通、算力跨域调度、数据溯源存证等关键技术在数据信托领域的应用,确保数据安全。

(4)数据银行。数据银行概念最早起源于技术领域,即通过构建高速分布式存储数据中心,实现网络中大量分布、离散、多元的数据源和相关软件集成起来协同工作。近年来,随着数据要素市场受到各方广泛关注,有研究者提出将数据银行作为数据要素流通的一种创新模式,并将其赋予一定商业模式内涵。如2021年12月,浦发银行、中国信息通信研究院等联合发布《"数据银行"概念模型与建设规划研究报告》,提出数据银行包括三层含义:一是满足隐私保护要求的可信技术底座,保障数据流通安全,维护客户权益;二是数据要素流通的服务体系和机制,攻关数据产品化经营、市场化估值等关键问题;三是数据价值流通的生态,激活数据动能,用数据创造价值增量。2022年3月,全国政协十三届五次会议上,全国政协委员、上海市信息安全行业协会名誉会长谈剑锋提交提案,建议尽快设立国家"数据银行",并优先收储个人生物特征、医疗健康数据等具有唯一性、不可再生性的数据,按需提供数据应用,严格审计,保证向个人开放数据使用查询,从源头防范滥采滥用,切实降低公众忧虑。

(5)数据交易技术支撑方。在数据要素市场中,一个关键的问题是如何打造一个能够获取供应商和消费者双方共同信任的交易平台。笔者所在团队曾在深圳市发改委指导下,基于与深圳市政府共建的粤港澳大湾区数据交易流通实验室,搭建了深圳数据交易所交易预研平台[①],并联合数牍科技、蓝象智联等多家知名隐私计算技术服务商开发了对多种隐私计算技术方案的融合应用。从技术机制来看,隐私计算主要分为三大技术路线,一是

---

① 曾坚朋、赵正、杜自然、洪博然:《数据流通场景下的统一隐私计算框架研究——基于深圳数据交易所的实践》,《数据分析与知识发现》2022年第1期。

基于密码学的安全多方计算、差分隐私、同态加密等技术；二是融合人工智能技术的联邦学习及机密计算等技术；三是基于可信硬件的可信执行环境研究。安全多方计算（Secure Multi-Party Computation, SMPC）最早是由图灵奖获得者、中国科学院院士姚期智于 1982 年正式提出①，解决一组互不信任的参与方各自持有秘密数据，协同计算一个既定函数的问题，安全多方计算在保证参与方获得正确计算结果的同时，无法获得计算结果之外的任何信息。差分隐私作为量化和限制个人信息泄露的一种输出隐私保护模型，最早是德沃克（Dwork）等在 2006 年提出②，在美国 2020 年人口普查中的应用成为迄今为止差分隐私保护技术的最大规模应用，实现了在不损害个人隐私的前提下最大限度利用数据资源的核心诉求。同态加密领域，牛超越等③提出了一个真实性和数据市场中的隐私保护（TPDM）机制，它保护隐私和数据保密性，同时提高批量验证和数据交易过程。联邦学习最初由谷歌的麦克马汉（McMahan）等人提出④，即通过一个中央服务器协调众多结构松散的智能终端实现人工智能模型更新。可信执行环境（TEE：Trusted Execution Environment）是一种基于硬件特性和系统软件的安全架构⑤，对通过时分复用 CPU 或者划分部分内存地址作为安全空间，构建出与外部隔离的安全计算环境，芯片等硬件技术与软件协同对数据进行保护，同时保留与系统运行环境之间的算力共享，用于部署计算逻辑，处理敏感数据。

---

① Yao A. C., "Protocols for Secure Computations", in 23rd Annual Symposium on Foundations of Computer Science(sfcs 1982), IEEE, 1982, pp.160-164.

② Dwork, Cynthia, et al., "Calibrating Noise to Sensitivity in Private Data Analysis", Theory of Cryptography Conference, Springer, 2006.

③ Niu, Chaoyue, et al., "Trading Data in Good Faith: Integrating Truthfulness and Privacy Preservation in Data Markets", 2017 IEEE 33rd International Conference on Data Engineering(ICDE), IEEE, 2017.

④ McMahan, Brendan, et al., "Communication-efficient Learning of Deep Networks from Decentralized Data", Artificial Intelligence and Statistics, PMLR, 2017.

⑤ 张辰雨：《隐私计算关键技术发展趋势展望》，《中国工业和信息化》2021 年第 10 期。

（6）数据流通行业自律性组织。日本已成立"数据流通推进协会"（Data Trading Alliance），下设技术标准委员会、管理标准委员会、数据应用委员会等机构，作为推动数据交易流通的抓手。我国应由国家数据要素主管部门指导，适时设立中国数据要素发展行业协会，在遵守国家、地方法律法规及政策的前提下进行数据流通自律管理，负责制定数据流通行业执业标准和业务规范，组织开展从业人员业务培训、资格考试、执业注册，监督、检查会员行为，负责场外数据交易业务事后备案和自律管理以及其他涉及自律、服务、传导的职责，发挥政府与行业间的桥梁和纽带作用，推动数据要素市场健康稳定发展。

二、建立"所商分离"的数据要素场内交易体系

从资本等要素市场发展规律看，推动各类要素产品从场外逐步转向场内，充分发挥场内交易的规范性优势是必然趋势。① 从这个意义上说，当前我国加快培育数据要素市场，应当全力加强统一、集中、安全的数据交易市场建设，最大限度繁荣数据要素场内交易，从而有效发挥我国制度优势，建立全国一体化的超大规模数据市场。

研究发现，证券市场的运作模式对数据交易市场建设具有极大借鉴价值，特别是"券商"这个体系的形成为规范和活跃市场交易发挥了关键作用。过去几年中，我国各类数据交易场所建设普遍不成功的一个重要原因是交易所集"公益属性"和"市场属性"于一身，导致其目标导向出现严重偏差，其定位集"运动员"和"裁判员"于一身。相比之下，证券市场采取的交易所与券商相分离的制度安排则很好地解决了这一问题，将交易所的公益属性与券商的市场属性隔离开，明确界定了不同主体的定位和行为方式，这

① 蒋大兴：《论场外交易市场的场内化——非理性地方竞争对证券交易场所的负影响》，《法学》2013 年第 6 期。

是证券市场能够发展壮大的关键一招。鉴于此,笔者在国内率先提出借鉴证券市场交易所与券商相分离的经验,建立数据交易所与数据商相分离的市场运行机制,培育引导具备一定资质的数据交易撮合方、技术支撑方和第三方服务机构升级成为专业数据商。其中,数据交易所定位为公益性机构,由政府事业单位或者国资企业承担相关职能,突出交易过程的公共属性和金融平台属性,侧重交易的公平与安全,通过自律管理,实现标准化数据产品的交易撮合、价格生成、清结算等核心交易环节;数据商定位为专业性市场化机构,由各类经认证的市场化主体承担相关职能,突出交易过程的效率属性和技术实现属性,主要是活跃交易市场,在交易所授权下负责对多源异构数据的汇聚对接、清洗加工、质量管控、可信流通,将非标准化的数据转化为标准化数据交易产品,为数据定价提供基础环境等。未来的发展方向是着力打造交易所、数据商和第三方服务机构“三方协同”的多元生态体系,其中打造数据商体系是最为关键的环节。

数据商与证券市场中的券商有一定相似性,参考券商在证券市场中的角色与作用,在相关主管部门依法监督管理及数据交易所平台的规范下,数据服务商可以考虑从以下四个方面开展业务。

第一类是数据开发类业务。包括数据资源开发与数据产品开发。数据资源开发是指数据商探查发现质量稳定、来源合法的数据源,引导相关数据提供方入场;数据产品开发是指数据商利用自有数据,或与建立正式合作关系的数据提供方合作开发数据资源,结合相关应用场景和算法形成可交易、产权界定清晰的数据产品。

第二类是数据发布类业务。包括:一是数据资源和数据产品上市辅导,建立完善尽职调查流程,数据商自行或委托具有相应资质的第三方机构开展数据产品质量、安全性及合规性评估,对拟上市产品进行相应辅导;二是数据产品发行报价,结合数据提供方成本、数据质量、市场供求关系、历史成交记录等因素评估数据产品发行价并报送交易所;三是上架推荐,推荐符合交易所上线要求的数据产品上架,经保荐后在交易平台正式发布。

第三类是数据承销类业务。一是产品营销,利用自建、交易所或第三方交易撮合平台,通过多种方式发掘数据潜在需求方,拓展数据产品流通范围;二是产品议价,协同数据提供方或接收数据提供方委托与数据需求方开展定价磋商,形成市场化交易价格;三是可信流通,按照交易所指令和合同约定,为数据产品安全可信流通提供技术环境和相关服务,将流通记录数据及时提交交易所备案。

第四类是数据资产类业务。一是数据资产审计,即对所保荐和承销的数据及数据产品供应商的交易记录进行数据资产有效性审计,对价格合理、来源稳定合规的数据资产经保荐后提交交易所审核,作为相关主体数据资产入表依据;二是数据资产创新业务,探索联合银行、保险公司等金融机构开展数据信托、数据保险、数据银行等创新业务;三是数据资本创新业务,与证券交易机构合作,探索数据资产证券化路径,研究建立"数据入股"机制,实现数据要素按贡献折算资本份额并参与分配。

三、加快培育第三方专业服务机构

数据要素流通交易服务生态是数据要素市场健康运行的必要前提,是推进数据要素打通生产、流通、交易和消费等环节的保障条件,客观上要求聚焦数据要素流通交易需要,培育一批第三方专业服务机构,提供数据集成、数据评估、数据审计、数据公证等市场服务。

当前应重点围绕数据合规、数据质量和数据资产三大方向,着力培育第三方专业服务机构,提升数据流通交易全流程服务能力。数据合规性服务方面,重点建立面向交易标的、市场主体和交易过程的合规制度体系,完善数据审计、数据公证、授权存证、争议仲裁等合规性管理体系,提升数据交易安全与效率。数据质量服务方面,重点构建全国数据资源和数据产品质量监督和质量认证体系,有效提升数据产品规范性、完整性、准确性、一致性、时效性和可访问性。数据资产化服务方面,开展数据资产证券化试点,探索开展数据资产质押融资、数据信托、数据保险等服务。积极鼓励第三方数据资产评估,对进场交易满足一定条件和规模的数据资产有效性、合规性、成本和潜在价值进行公允评估。鼓励市场参与主体加大对数据交易技能型、创新型人才培养、认证、评价与激励,鼓励发展数据质量评估师、数据资产评估师、数据合规评估师、数据安全评估师、数据资源规划师、数据资产保荐代表人等新型职业。

加强对第三方专业服务机构的统一监管和规范管理。从事数据交易合规评估的律师事务所应在数据交易监管部门和司法部进行备案。从事数据资产评估的资产评估机构应在数据交易监管部门和财政部进行备案。从事数据质量评估的机构应在数据交易监管部门和市场监督管理总局或中国质量认证中心进行备案。从事数据交易服务的律师、资产评估师、质量认证工程师应严格遵守职业道德和执业纪律,勤勉尽责地提供专业服务。

第二节　构建高效协同联动的场内外交易体系

从权属和价值流转的角度,本小节基于第三章所构建的数据要素四层次模型,探索性提出多层次开发利用、多形态权属模式和多主体价值分配的新型数据要素市场制度体系和基础分析框架。

一、加快建立一二级联动的数据市场体系

参考资本和土地市场形成的多级市场体系,未来我国数据要素市场基于从 0 阶到 3 阶四个阶次数据要素流通的具体需求,可构建多级数据市场体系。这可以与石油、天然气进行类比,石油、天然气的开采和初加工是把石油、天然气变成可用的资源,即"资源化"(一级市场),而石油加工成汽油及各种化工产品则是资源的"产品化"(二级市场)。还可以把数据与土地

市场进行比较,土地的一级市场需要由政府出面进行确权、征地、平整等工作,就是把土地从"生地"变成"熟地"的要素资源化过程,而土地的二级市场则根据土地的使用性质和主体不同而进行流转,是要素的产品化过程。基于这样的考虑,我们将数据要素市场分成一级和二级两级市场。

一方面,要发展夯实一级市场(数据资源市场,主要针对原生数据)。一级市场是数据资源持有者将其数据资源持有权、数据加工使用权等权利以无偿或有偿方式授权许可给购买者的集中交易市场。由于在原生数据(0阶和1阶数据)中更可能涉及国家安全、商业私密和个人隐私,是一个需要相对强约束、强监管的市场,同时对公共数据、企业数据、个人数据等的确权授权始于一级市场,这就有必要强化一级市场登记确权、合规审查、质量评估、行为监管等制度规则建设,保障数据来源可溯、安全可控、质量可靠、权责清晰。就如同土地的一级市场,只有政府或者政府授权的机构承担才具有公信力,且效率较高、成本更低,因此,一级市场上政府发挥的作用应当相对更积极主动,承担的责任也更大。

另一方面,要创新激活二级市场(数据产品和服务市场,主要针对衍生数据)。数据二级市场就是根据不同场景需求,数据加工方对数据资源加工处理和算法模型化后,以数据产品和服务形式销售给购买者的市场。通过技术手段,衍生数据(2阶和3阶数据)已经很难还原企业和个人数据的具体"数值",且标准化程度相对更高,其侧重点是结合场景的应用,引导各方创新完善二级市场数据产品和服务交易制度规则、技术路径、标准规范和商业模式,充分激发市场主体参与流通交易的活力,优化资源配置效率,促进数据要素高效流通。相比一级市场,二级市场中市场主体发展作用的空间更大,数据形态更多样、活跃性更高。

二、强化建设规范有序的场内交易体系

从场内交易机构的体系化建设看,应当形成由国家级数据交易所、区域

性数据交易场所和行业性数据交易平台共同构成的多层次数据交易市场结构,促进区域性交易场所和行业交易平台与国家级交易所互联互通,推动区域性、行业性数据跨地域、跨行业流通使用。

　　需要说明的是,之所以数据要素市场没有直接采用像资本市场那样全国三个交易所"包打天下",而是要积极允许和鼓励区域性交易场所和行业性交易平台发展,是考虑到两方面因素:一方面,当前数据资源和数据产品的标准化程度远不如资本产品,绝大多数场景下数据流通交易的标的物均为非标准化产品。所谓非标准化数据产品,大致可类比非标准化债权产品。根据中国人民银行会同银保监会、证监会、外汇管理局等部门于2018年4月发布的《关于规范金融机构资产管理业务的指导意见》对标准债权的定义:标准化债权类资产应当同时符合以下条件:一是等分化,可交易;二是信息披露充分;三是集中登记,独立托管;四是公允定价,流动性机制完善;五是在银行间市场、证券交易所市场等经国务院同意设立的交易市场交易。相比资本市场,当前数据产品还不具备可等分化、集中登记、公允定价、流动性机制完善等特征。对于一个非标准化产品占据主导的市场而言,存在大量区域性、行业性交易服务平台在所难免。另一方面,数据要素与资本、知识、技术等要素相比,具有一个鲜明特征,即数据权利的占有与流转往往与其所依附对象的现实权利的占有与流转相伴随。英国学者米歇尔·米拉科维奇(Michael Milakovich)[1]指出,数据本身看上去像是一个无倾向性的词汇,但事实上在政策制定过程中,数据采集、解读和发布方式很难做到完全中立,因此在政治领域,数据的占有权和发布权是一种新的权利源泉。基于此,要求将数据在任何场景下无差别地实现跨部门、跨层级、跨地域集中,本身就是对现有行政体制和产业

---

　　[1]　Michael M.,"Anticipatory Government:Integrating Big Data for Smaller Government",*Internet*,*Politics*,*Policy 2012:Big Data*,*Big Challenges*,2012.

分工的挑战,是一种难以实现的"乌托邦"式理性状态。现实中,我们很难想象 A 省的公共数据经授权到 B 省的交易场所进行流通交易,一个更加现实的选择是,通过设立地域(如分省)和行业数据交易平台,实现本地区、本行业政企数据融合应用,在本地区和本行业内解决数据流安全可信流通的问题,同时在顶层接受国家级交易所的业务流监管,在底层基于全国统一的数据要素共性支撑平台,实现要素资源互联互通与权责清晰、统一监管与行业自律有机结合。

(一)统筹建设国家级数据交易所

统筹推进国家级数据交易所建设,重点承担跨地区、跨行业、跨境数据场内集中交易功能。强化国家级数据交易所公共属性和公益定位,明确全国性数据交易所法定职能,制定完善全国性数据流通交易规则及标准体系,为涉及面广的社会数据、全国性公共数据资源、行业性强的数据资源以及海外数据集中提供一二级市场交易服务。鼓励基础条件较好、规划理念先进、发展潜力巨大、示范作用较强的地区率先探索建立国家级数据交易所。充分结合公共数据、个人信息数据、工业数据、跨境数据等不同类型数据流通交易监管需求,依托国家级交易所设置若干专门交易板块,形成不同交易所的错位发展格局。

(二)合理布局区域性数据交易场所

坚持需求导向、创新引领、科学规划、适度发展的原则,选择在数据资源丰富、数据应用场景广阔、数据管理技术成熟的地区(比如省会城市、计划单列市及个别数据资源富集城市)规划设立省(自治区)级区域性数据交易场所,明确其区域性合法数据交易场所功能。依托区域性交易场所建立完善区域内数据交易流通规则及标准体系,承担具有区域性一二级市场需求的交易场所职能,统筹推进本地区公共数据授权运营和区域性数据产品交易与服务,促进社会数据和公共数据融合应用,形成有规模效应、有特色经验、可持续发展的区域性数据交易市场。研究制订区域性数据交易中心运行管理指南,引导现有地方政府设立的各类数据交易机构按照统一标准逐步整改为区域性交易场所。

(三)有序发展行业性数据交易平台

坚持开放共享、融合创新、场景牵引、行业自主的原则,支持各行业部门或具有全国影响力的行业机构依托国家级交易所搭建行业性数据资源交易流通平台,鼓励各类社会机构依法合规自主建立行业性数据产品和服务交易流通平台,促进数据要素与各类行业场景充分融合,有效赋能千行百业。针对不同行业数据制定专业的数据治理系统和数据交换规则,依托应用场景,促进公共数据和社会数据汇聚共享,鼓励金融、医疗、通信、能源、气象、交通等行业率先打造可信数据空间。

(四)加强数据交易场所和平台规范化运营

要加快完善数据交易场所审批和监管流程,按照国家数据要素市场发展战略总体布局和此前国务院清理整顿各类交易场所有关要求,规范设置数据交易场所审批机制。研究制订区域性数据交易中心运行管理指南,引导现有地方政府设立的各类数据交易机构按照统一标准整改,关停并转一批经整改后仍不符合要求的数据交易场所和平台。依托国家级数据交易所探索建立场内外统一的数据交易信息披露和备案机制,引导拥有数据生态优势的头部企业建设的数据交易平台规范有序发展。鼓励各类场外交易主体依托国家统一数据流通基础设施开展"一对一"交易或数据互换等场外交易,逐步引导场外交易转换为场内交易。明确交易标的准入规则,数据交易流通标的应符合《个人信息保护法》《数据安全法》《网络安全法》等法律规定和相关政策要求。各数据交易所、交易中心、交易平台按照国家有关要求,在数据要素行业主管部门指导下,制定发布交易标的准入规则,根据数据开发利用等级制定可界定、可流通、可定价的数据流通标的准入原则。

(五)探索建立主题数据空间管理模式

参考《欧洲数据战略》提出的数据空间框架,针对不同领域数据制定专业的数据治理系统和数据交换规则,以公共数据带动社会数据汇聚,形成战略领域的数据公共空间。根据数据应用场景打造若干个主题数据空间,如公共数据、个人数据、工业数据、跨境数据等数据空间。国家级数据交易所可选择一个或多个数据空间开展数据交易流通体系规划,形成垂直领域的数据交易流通解决方案(类似证券市场的科创板、中小板、新三板等)。试点内可探索统一数据授权模式、统一数据主体标识、统一自律框架、统一智能合约等基础性规则。试点方案应充分考虑不同数据空间之间互相访问、互相操作的兼容性和便利性。国家级数据交易所形成主题数据空间试点方案后向数据交易监管部门进行申报。主题数据空间建设无排他性,即多个数据交易所可就同一个主题数据空间进行申报。同时,数据交易所可通过提供数据交易增值服务提升自身竞争力,如利用本地算力资源优势提供低成本存算服务,利用本地金融资源优势提供数据资产融资服务等。数据交易监管部门实行主题数据空间总量控制,逐步形成各有侧重、相互补充、错位发展、适度竞争的市场格局。

(六)建立数据流通协同安全机制

数据流通安全问题十分复杂,必须从一开始就构建起协同高效的安全管理机制。一是加强行政层级间协同机制建设。推进完善中央与地方、地方与地方、行业与行业、国内与国际之间的安全协同机制建设。二是加强技术与管理之间的协同机制建设。完善数据分类分级安全保护机制,制定数据隐私保护和安全审查制度。政府应推进制定数据要素流通交易、跨境传输、争议解决等法律法规,规范数据持有方、处理方、收益方的安全主体责任,构建数据流通使用安全制度体系。综合运用数据沙箱、多方安全计算、联邦学习、隐私计算等技术手段,促进不同保密要求场景下数据的统一可信流通,提升数据安全预警和溯源能力。强化国产密码保护体系建设,推进国产密码系统的自主可控应用。加快推动个人网络身份证号应用,建立现实身份与网络身份"隔离墙",保障公民个人数据安全。

第三节　加快形成统一规范可信的
公共服务体系

当前,数据交易多种模式并存,主流形态是点对点的零散式交易,其弊端是缺乏统一的信任和流通基础环境,交易成本较高。下一步构建全国统一数据大市场,既要鼓励多种形态数据要素流通体系形成,又要在基础设施和公共服务等方面建立全国统一标准规范,从而为参与不同层级数据交易的主体提供统一、专业、公正、可信的综合服务,显著降低市场主体参与交易的成本,大幅提高参与数据交易的广度与深度。在借鉴其他各类要素市场发展经验的基础上,结合数据要素市场的特殊性,我国的数据要素公共服务体系应主要包括统一数据登记存证、统一数据产品描述、统一数据编码解析、统一数据供需撮合、统一数据公共信用、统一数据合规认证、统一数据资产评估等七个方面。

一、统一数据登记存证

统一数据登记存证服务是指从规则统一、公开透明、服务高效、监督规范的目的出发,集中提供全国统一的交易账户注册管理、法人机构登记备案、数据目录登记备案、数据样本登记备案、数据资源代管和登记信息查询等服务。在提供服务的同时,平台接收、保存和发布交易市场主体的行为信息,能够方便交易主体在参与不同层级(国家级、区域级)交易场所的活动时不重复登记注册,减少交易前准备事项,有效降低交易成本。从数据登记存证的公信力角度看,可以考虑依托国家统一的电子政务外网平台,围绕数据要素流通全流程、全周期服务,建立覆盖数据产权登记、数据资源登记、数据产品登记、数据流通凭证等多个环节的数据要素确权登记存证平台。其核心是建立依托数据价值链的数据要素登记体系,在前文第四章已有详细论述,此处不再展开。下一步,应加快研究制定《全国数据资产登记结算管理办法》,完善数据资产登记规范性文件体系;适时设立国家数据要素登记结算官方机构,打造数据资产登记的统一市场;研究编制数据资产登记国家标准,推动全国统一的数据资产登记体系建设,释放公共数据的潜在价值。

二、统一数据产品描述

针对场外和场内一二级市场中流通的各类数据产品,可使用"数据盒"形式进行统一封装,以部分实现场内交易数据产品的标准化、规范化。"数据盒"概念最早由朱扬勇教授等提出。[①] 一个盒装数据产品包括盒内数据、盒外包装两部分。(1)盒内数据是指"时间+空间+内容"三维度的数据立方体组织。内容维度,是指每个数据对象有哪些属性,可表现为"字段"。时间维度,如日数据、月数据、年数据、分时数据等。空间维度,是指符合数据产品描述的数据对象的空间覆盖范围。(2)盒外包装包括产品登记证书、产品说明书、质量证书、合规证书等内容。一级市场的产品登记证书,主要是对数据提供方的数据来源进行认定和登记,二级市场的产品登记证书还需对数据产品相关算法和模型的相关权利进行认定和登记。产品说明书包括数据产品内容说明、生产方式/著作方式说明(被加工数据来源的合法性证明)和使用说明等。质量证书和合规证书为数据达到相应质量标准以及合规要求的证明性文件,是其开展交易流通的重要凭证,可由专业第三方

---

① 叶雅珍、朱扬勇:《盒装数据:一种基于数据盒的数据产品形态》,《大数据》2022 年第3 期。

服务机构出具。

三、统一数据编码解析

为促进多源数据互联互通,推动跨机构、跨行业、跨层级、跨境的数据联合分析,激发更多数据创新应用和服务,应当探索建立国家"数联网"根服务体系,并形成面向多源异构数据资源的数据标识融合基础支撑体系。[①]标识融合技术能够通过实现标识关联融合,使多个标识共同指向同一个实体,促进多源数据融合匹配。数联网基于软件定义,通过以数据为中心的开放式软件体系结构和标准化互操作协议,将各种异构数据平台和系统连接起来,在"物理/机器"互联网之上形成"虚拟/数据"网络。数联网将数据作为独立要素,根据其表现形式和使用特征,使用"数字对象"作为数据的封装形式,通过制定数据互联互通标准协议,规范数据表达和使用,打造数据互联互通的共识基础。下一步,可探索建立数据安全可信流通环境,基于区块链、可信计算、隐私计算等技术,解决数据互联互通和协同应用过程中不可信、难管控等核心问题,进一步促进数据价值的安全交换和释放。当前重点是针对不同异构编码无法互认、难以互通的问题,制定规范统一的数据标识规则,为全网数据颁发唯一且持久的身份证明即"根标识",实现不同来源、不同类型、不同特征的多源异构数据统一编码。在此基础上,建立层级化、规模化的根标识解析系统,推动跨领域数据标识的多码合一与融合解析,实现多源异构数据的跨平台、跨行业的互认互通。

四、统一数据供需撮合

数据供需撮合是指基于交易主体的行为数据及人工智能算法针对用户需要的内容,提供需求搜集、样本数据动态管理、智能撮合推荐、模型执行效

---

① 窦悦、易成岐、黄倩倩、莫心瑶、王建冬、于施洋:《打造面向全国统一数据要素市场体系的国家数据要素流通共性基础设施平台——构建国家"数联网"根服务体系的技术路径与若干思考》,《数据分析与知识发现》2022 年第 1 期。

果评价、模型数据贡献度评估等服务。按照撮合环境和生产计算环境相分离原则,提供"先体验再购买"的新型数据交易模式,在双盲数据沙箱场景下,通过需求精准推荐、匹配和撮合,实现对用户资源、平台资源、外部资源的有效整合,为用户提供一站式撮合服务。甘肃省庆阳市在这方面较早进行探索,提出了构建面向数据交易市场的算力服务机制,初步形成数字中国基因库(庆阳)西北库的建设思路,为国家数据要素市场提供算力支撑平台和公共服务平台。基因库主要有四大功能:一是聚数据,将高价值的政务数据、公共数据和社会数据汇聚起来,进行归集、加工、整理,形成数据基因库,沉淀高价值的引流数据,构建出"数据+算力"相结合的竞争优势;二是聚业务,建设数据撮合业务体系,通过样本撮合管理体系,解决"需求匹配难""流通成本高""安全顾虑强"等数据流通中的问题,实现供需双方的高效匹配;三是聚算法,举办数据开放创新应用大赛,国家、地方牵头举办创新创业大赛、人工智能算法大赛等,为庆阳引流发达地区数字经济高科技企业应用要求;四是聚服务,建设数据要素流通公共服务平台,包括数据评估平台、数据登记平台等。最终形成以数据撮合为牵引、以算法集聚为支撑、以算力消纳为目标的"招数引智消算"一体化发展路径,形成服务全国的"算力+数据+算法"一体化产业体系。

五、统一数据公共信用

信用是市场交易的基础,数据交易市场作为新型市场,更应重视加强信用体系与其他各项工作的同步建设、协同联动、相互促进,强化数据流通交易全流程的公共信用服务,培育多层次市场需求、形成立体化可信交易网络。加强数据要素流通公共信用服务体系建设,可考虑重点从以下几个方面发力:一是在数据交易环节中广泛查询和应用公共信用报告;二是将数据交易行为纳入市场主体信用记录,作为对市场主体事中事后监管的重要依据,规范市场秩序,减少数据交易纠纷,激发数据交易市场活力;三是注重信用监管引领,在数据交易环节中嵌入信用监管,全面实施数据交易诚信记录"红名单""黑名单"制度,禁止失信企业(个人)参与数据交易市场活动,树立"诚信交易得实惠、违法失信付代价"的鲜明导向。有效健全数据交易市场体系,提升监管效能、维护公平竞争、降低市场交易成本。为了有效防范信用风险,保障数据要素市场安全高效运转,可将数据要素市场公共信用管理分为市场主体信用评级机制、失信行为认定机制、失信联合惩戒机制、信用修复机制等方面,逐步形成规范有序的数据要素市场公共信用体系。

六、统一数据合规认证

数据合规认证服务是指为用户提供数据资源合规性审核、数据交易主体合规性审核、第三方服务机构合规性审核以及数据交易合同合规性审核等专业技术认证,能够提供溯源存证、模型审查、可信计算监控等具有安全性、完整性、证明力、时效性等的在线合规公证服务,重点为交易主体提供数据准入、法人准入、合同有效签署、原始数据未泄露、模型安全性证明等合规审核认证,充分保障用户合法权益,满足各方交易需求。2022年9月3日,粤港澳大湾区大数据研究院联合明信公证处、迦云科技向数牍科技发布全国首张数据公证书,充分运用区块链和电子公证技术,在大规模数据交易场景下,对"人、数、物、过程"进行全方面审核,通过法人准入审查、数据准入审查、合同签署合规认证、数据生产真实性证明、原始数据未泄露证明、模型安全性证明等合规流程,有效结合市场主体信用承诺制和公证机制,对参与数据交易主体的承诺声明、数据来源情况说明等佐证材料进行在线准入登记公证,为数据交易内容和数据交易行为的市场监管和争议纠纷处理提供了坚实的事前保障基础,促进数据流通交易活动合规高效安全进行。数据公证机制和数据合规认证服务平台的结合应用实现了机制、技术、流程三方面创新,能够有效强化数据交易市场主体的责任意识,助力深化简政放权、放管结合、优化服务改革,为数据要素市场监管体系建设提供了合规保障。

七、统一数据资产评估

数据资产评估是建立数据要素流通各方互信关系、实现数据要素标准化、高效化流通的基本前提。中国资产评估协会在 2019 年 12 月印发的《资产评估专家指引第 9 号——数据资产评估》基础上积极推进《数据资产评估指导意见》编制,进一步细化数据资产评估操作要求,明确数据资产评估过程中的各项考量因素,以便于第三方评估机构更高效、专业和公允地对各类数据资产进行货币化计量。其中将数据资产评估需要重点关注的要素划分为质量因素、应用因素、成本因素和法律因素四方面:质量因素包括准确性、一致性、完整性、规范性、时效性、可访问性等;应用因素包括适用范围、应用场景、商业模式、市场前景、财务预测、供求关系以及应用风险等;成本因素包括直接成本和间接成本;法律因素包括法律法规、政策文件、行业监管等新发布或变更对数据资产价值产生的影响。未来,数据资产评估公共服务体系可依托国家统一数据资产登记存证平台建立,通过联动主要国内数据交易场所,基于多方联合建模和联邦学习中的激励机制算法,结合数据样本匹配度、数据质量、数据贡献度、数据信用度、数据后评价、数据管理成熟度、数据应用效果、数据成本等多重因素,建立动态的数据资产综合评估模型,从而实现主观与客观相结合的数据要素综合性评估,为交易产品、交易主体、交易行为提供多角度评估参考。

第四节　建设跨地区跨平台的公共
基础设施体系

目前,各地区各自为营的数据交易场所及平台建设可能会形成一种新形态的"数据孤岛",导致场所之间、平台之间标准五花八门、数据相互割裂,针对这些问题,应尽早统筹考虑构建面向多层次数据交易场所的统一数据流通交易共性基础设施,促进各类数据交易场所互联互通,为场内集中交易和场外分散交易提供低成本、高效率、可信赖的共性服务和保障环境,规范各类数据交易场所线上交易平台建设,形成统一标准。基于此,需构建具备三大底层技术基础支撑体系的数据要素流通共性基础设施平台。一是建立适配不同保密要求场景的统一数据要素流通环境,有效解决目前数据买卖各方信任机制难建立的问题。二是建设跨区块链基础支撑体系,构建统一规范的跨链标准,提供有效可靠的跨链服务,提升异构区块链的互操作性,促进跨链信息的流转。三是建设跨隐私计算基础支撑体系,实现数据跨平台的互信互通,促进数据流通交易。

一、构建适配一体化数据大市场的可信计算环境

在缺乏全国统一的数据要素支撑平台的情况下,场外零散的数据交易行为很难保证其合规性和安全性。在交易事前阶段,由于当前绝大多数交易均依靠"点对点"场外交易方式,缺乏针对交易对手方和数据产品的评估体系,数据质量难保障,脏数据、假数据随处可见。在交易事后阶段,对于交易双方而言,数据"买定离手",如果缺乏可信的交易第三方监管,一方将数据移交另一方后,彼此均很难控制对方的数据使用流向,因此信任关系的建立十分困难。近年来,以联邦学习、同态加密、多方安全计算(Secure Multi-party Computation,MPC)零知识证明、群签名、环签名、差分隐私、可信执行环境(Trusted Execution Environment,TEE)等方法为代表的隐私计算技术大行其道,部分学者已开始探讨其在政府内部数据流通中的应用①。在

---

① 吴敏:《新型政务数据开放开发模型设计——一种解决政务数据开发开放难题的多方安全计算设计方案》,《现代信息科技》2020 年第 23 期。

互联网、运营商等领域已经出现大量基于"可用不可见"理念开发的新型数据要素流通技术,即允许用户使用方在不获取原始数据、不泄露个人数据的前提下,通过联合计算、联合学习、联合建模等方式获取数据分析结果。据了解,目前我国主要隐私计算厂商的数据"可用不可见"解决方案均需消耗大量算力,部分主流隐私计算厂商解决方案所消耗的算力资源甚至能达到普通明文数据计算的10—100倍。未来,要支持全国一体化数据要素市场体系运行,如此庞大的隐私计算算力需求单靠东部地区无法承载,必须超前谋划、超前布局"东数西算"工程,将部分算力密集型业务迁移至西部地区,以更利于持续发展。

从具体工程角度看,应当启动建设"国家可信数联网工程",形成适配不同保密要求场景的统一数据要素流通环境。基于不同密级可以考虑分成三种场景:低保密场景下,支持基于"明文数据共享交换+数据沙箱技术",实现数据"阅后即焚";中保密场景下,支持构建以密文数据交换为主的多方安全计算环境,实现数据"可用不可见";高保密场景下,支持建立以联邦学习为主的联合建模环境,实现"数据不搬家"。

二、建立跨区块链基础支撑体系

根据实际业务场景需求的不同,数据交易流通平台和机构会选择不同的区块链技术方案,而不同技术方案具有不同的区块链底层技术和系统,导致异构区块链间难以互通。为解决异构链间信息流转难、数据流通受阻问题,应依托国家"数联网"根服务体系建设跨区块链基础支撑体系,打通异构区块链平台间的技术壁垒,实现信息在不同区块链平台间的流转记录、上链存储,促进跨机构的数据流通交易。

跨区块链基础支撑体系架构设计如图6-1所示,其通过提供跨链接口管理、多链协议互认等技术支撑和服务,支持跨链信息流通和真实有效证明,实现跨链协议互通、跨链交易一致、跨链信息可信可追溯等功能。一是跨链接口管理,主要是为跨链交互提供通用统一的接口,比如调度跨链资源的合约类接口、监听跨链请求的事件类接口、进行跨链交易验证的状态类接口等。[1] 推进多链协议互认,比如分布式身份协议、数据协议、证明转化协议、跨链寻址协议、跨链通信协议等,搭建更高效的链间通信通路。二是跨链事务管理,保持跨链事务的一致性和原子性,即跨链双方交易只能同时成功或者失败回滚,避免"双花"问题。建立跨链信任机制,通过跨链的区块连续验证、区块共识验证和交易验证[2],提高跨链双方的信任,促进跨链信任扩散和跨链信息安全流通。三是跨链交易验证,要准确核验交易的有效性,确认交易是否真实存在,同步更新交易的执行状态,避免出现交易中途撤销而资产已经转移的问题。通过对跨链资产的转移进行统一管理,设计合理的资产冻结和解锁条件,提高链间资产转移的安全性。[3] 四是跨链安全保障,建立跨链"防火墙",防止某一个或几个链的崩溃影响到其他链的运行,防止恶意攻击影响整个区块链网络;[4]建立身份认证机制,对接入的区块链进行可信度核验,提高跨链操作的安全性。五是实现跨链信息可信可追溯,对来自不同区块链的数据产品信息、数据服务内容、交易合同、系统关键日志等重要信息进行统一的登记上链。结合其自身的智能合约技术、时间戳技术和链式结构实现上链信息的永久存储、状态更新和不可篡改,实现信息的跨链可存证、可溯源。

---

① 贺双洪:《跨链,6个核心接口就够了!》,微众银行区块链公众号,2020年9月4日。

② 石翔:《跨链,链间信任如何建立?》,《微众银行区块链》2022年10月22日。

③ 何帅、黄襄念、陈晓亮:《区块链跨链技术发展及应用研究综述》,《西华大学学报(自然科学版)》2021年第3期。

④ 何帅、黄襄念、陈晓亮:《区块链跨链技术发展及应用研究综述》,《西华大学学报(自然科学版)》2021年第3期。

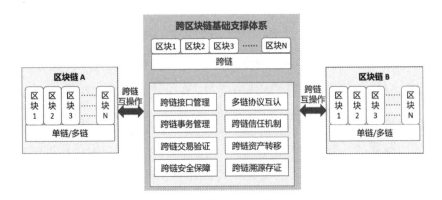

图 6-1　跨区块链基础支撑体系架构设计

资料来源:窦悦、易成岐、黄倩倩、莫心瑶、王建冬、于施洋:《打造面向全国统一数据要素市场体系的国家数据要素流通共性基础设施平台——构建国家"数联网"根服务体系的技术路径与若干思考》,《数据分析与知识发现》2022 年第 1 期。

三、建立跨隐私计算平台基础支撑体系

目前,各隐私计算平台使用的技术方案、认证体系、算子算法不一致,导致数据难以进行跨平台流通。建议依托国家"数联网"根服务体系建设跨隐私计算基础支撑体系,为跨隐私计算提供底层技术方案,提供可控的跨平台服务,实现隐私计算平台互信互通,形成跨行业、跨数商、跨隐私计算厂商的数据交易生态。

跨隐私计算基础支撑体系架构设计如图 6-2 所示,其通过"两跨四统一",即跨平台协同计算、跨平台管理调度两大模块和统一标准、统一计算、统一调度、统一监管四个子模块,实现数据、资源、价值的跨隐私计算平台互联互通。

跨平台协同计算包含统一标准和统一计算两个子模块。统一标准子模块通过规范接入隐私平台的通信接口和通信框架,约定统一的通信协议和通信规则,促进平台间的顺畅通信。同时,对接入的隐私计算平台进行身份认证,核验数据授权,加强跨平台流通数据的隐私保护。统一计算子模块为

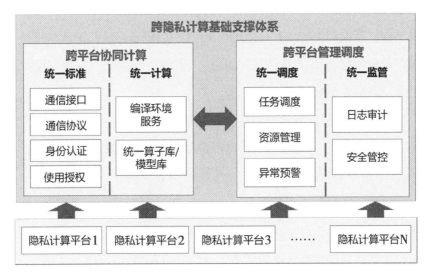

图 6-2　跨隐私计算基础支撑体系架构设计

资料来源：窦悦、易成岐、黄倩倩、莫心瑶、王建冬、于施洋：《打造面向全国统一数据要素市场体系的国家数据要素流通共性基础设施平台——构建国家"数联网"根服务体系的技术路径与若干思考》，《数据分析与知识发现》2022 年第 1 期。

隐私计算厂商提供统一的编译环境服务，规范化编译过程，鼓励各厂商在统一的编译环境上开发算子、模型。厂商开发的算子、模型经过标准化、校验和审核后，归纳入统一算子库和模型库。统一算子库和模型库包含加减乘除、比较统计等基础运算算子，数据对齐、数据清洗、数据拆分等特征工程算子以及机器学习、深度学习等模型算法。支持厂商根据具体业务场景需求，对统一算子库和模型库进行直接调用和组合，形成标准化输出，促进跨平台协同计算。

　　跨平台管理调度包含统一调度和统一监管两个子模块。统一调度子模块对任务的发起执行、任务状态同步、任务事件转发进行管理，保证计算任务的有序执行。支持设置任务优先级，保障重要计算任务的优先执行。灵活分配计算资源，避免资源限制或者被多个任务同时竞争的情况，提高协同计算的稳定性和效率。对任务运行状态、资源使用状态、数据输入输出状态进行实时监控,若有异常,及时通报预警,保障数据安全。统一监管子模块对跨平台计算中产生的各种日志进行全面收集、记录、分析、审计,对跨平台的接口调用情况、资源占用情况、数据访问使用等进行统一监管,提高跨隐私计算平台的安全性,实现安全管控。

面向未来,应当在国家层面切实加强数据要素可信流通共性关键技术研发和产业孵化。面向数据共享开放、数据交易流通、数据跨境流通等应用场景,由政府牵头,各方广泛参与,加大力度研究支撑数据要素市场多主体可信流通交易相关技术的操作路径与方法,积极探索组建数据要素流通领域国家工程中心和工程实验室,重点研发如下共性关键技术:运用数据沙箱技术探索搭建数据各类权属相分离的可信交易环境;运用隐私计算与联邦学习支撑安全流通;运用区块链技术构建多主体信任体系,通过区块链等技术实现数据要素来源可溯、去向可查、行为留痕、责任可究,实现对不同主体数据用途用量的精准计量、可控流通、按需调度;构建数据授权存证、数据溯源和数据完整性检测系统,打造安全可控、有活力的数据流通生态。

第七章

数据要素的定价体系

市场是一个隐含交易各方行为规则、知识和信息的集合,而价格则是这些元素相互作用的集中体现[1]。很多研究者指出,不同于大多数商品"先了解后使用"的模式,数据产品的了解过程与使用过程通常重叠,导致数据有用性和使用价值难以事先确定[2],从而导致买卖双方对于数据价值的"双向不确定性"[3],再加上数据具有高固定成本低边际成本[4]、产权不清[5]、来源多样、管理复杂和结构多变[6]等特征,使得数据要素定价难度要大大高于其

[1] 秦海:《制度、演化与路径依赖:制度分析综合的理论尝试》,中国财政经济出版社2004 年版,第 93—94 页。

[2] 吴江:《数据交易机制初探——新制度经济学的视角》,《天津商业大学学报》2015 年第 3 期。

[3] 刘朝阳:《大数据定价问题分析》,《图书情报知识》2016 年第 1 期。

[4] Balazinska, Magdalena, et al., "A Discussion on Pricing Relational Data", *In Search of Elegance in the Theory and Practice of Computation*, Springer, 2013, pp.167−173.

[5] 杨张博、王新雷:《大数据交易中的数据所有权研究》,《情报理论与实践》2018 年第 6 期。

[6] Liang F., Yu W., An D., et al., "A Survey on Big Data Market: Pricing, Trading and Protection", *IEEE Access*, Vol.6, 2018, pp.15132−15154.

他产品。正因如此,目前大量零散的数据交易定价均为针对特定应用场景的非标准化定价,缺乏统一的数据定价规则。因此,在未来数据定价体系构建中,应当充分适应数据交易"双向不确定性"和"非标准化"这两个特征,从数据要素的资源化、资产化、资本化价值变现三个层面构建新型博弈定价模型,并分别探讨成本法、收益法、市场法等定价方法的应用路径(见图7-1)。

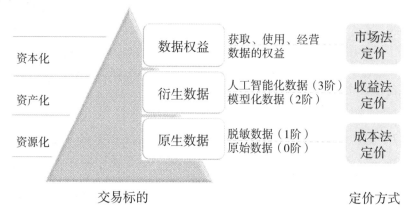

图7-1 数据资源化、资产化与资本化层面的定价模式

资料来源:笔者自绘。

第一节 资源化定价:脱胎于信息产品
定价的成本定价

对应到数据要素流通的四阶形态中,数据资源化定价主要是针对原生数据(0阶和1阶数据)的定价。数据资源化层面的分配方式主要以成本分配为主,即"原料"数据采集、标注、集成、汇聚和标准化并形成可采、可见、互通、可信的高质量数据过程中的软硬件和人力等成本消耗。以成本分配为主的定价方式可沿用传统的信息产品定价模式,采用协议定价、按次定价等方式实现价格生成。近年来, 针对信息产业和信息服务中出现的一些新业态新模式,有学者提出一些针对性定价策略。如亚里山德鲁(Alexandru)等①针对网格计算服务的特点,提出了一个综合考虑信息元素和计算元素的通用定价模型。康艳芳②针对云服务市场特点,构建了云服务市场定价模型。台湾学者张玮伦等③对信息服务产品的捆绑销售行为进行分析,并提出了一种信息商品捆绑协作定价体系。张翼飞等针对互联网平台经济特征,构建了一个双边平台定价模型④。费米内拉(Femminella)等⑤构建了一个针对云基础设施中引入的物联网服务的定价机制。很多研究者⑥⑦⑧⑨还引入博弈论等方法,对不同领域信息产品定价策略进行分析。这些定价方法很多在数据定价领域同样适用,甚至这些研究所基于的应用场景本身就属于数据衍生产品流通的范畴。

从现实运行情况看,受数据所有权确权法律问题和数据安全隐私保护等限制,能够用于交易的原始数据集很少。即便对数据进行一定的脱敏处理,仍存在多源数据交叉比对后补齐原始数据、造成隐私泄露的隐

① Caracas, Alexandru, Jörn Altmann, "A Pricing Information Service for Grid Computing", *Proceedings of the 5th International Workshop on Middleware for Grid Computing*, 2007, pp.49-63.

② 康艳芳:《云服务资源调度与市场交易模型研究》,武汉理工大学博士学位论文,2015 年。

③ Wei-Lun Chang, Soe-Tsyr Yuan, "A Markov-based Collaborative Pricing System for Informationgoods Bundling", *Expert Systems with Applications*, No.36, 2009, pp.1660-1674.

④ 张翼飞、陈宏民:《信息服务平台市场规模与定价关系研究——兼析信息服务平台合并的市场影响》,《价格理论与实践》2019 年第 2 期。

⑤ Femminella, Mauro, Matteo Pergolesi, Gianluca Reali, "IoT, Cloud Services, and Big Data: A Comprehensive Pricing Solution", *2016 Cloudification of the Internet of Things(CIoT)*, IEEE, 2016, pp.1-5.

⑥ 魏小霞:《航空港物流公共信息平台定价策略博弈研究》,华北水利水电大学硕士学位论文,2017 年。

⑦ 陈超:《基于博弈论的信息产品定价——以科技查新为例》,《农业图书情报学刊》2017 年第 9 期。

⑧ 赵刚、王小迪:《基于博弈论的物流信息服务平台收费定价分析》,《中国储运》2012 年第 11 期。

⑨ 周继祥:《基于博弈论的信息产品定价研究》,湖南工业大学硕士学位论文,2012 年。

患,很难大规模用于数据交易。一般而言,原始数据集来源于网络和各种传感器对特定对象的记录,如通过卫星、雷达、摄像头、网络爬虫等采集的遥感、气象、交通、网络文本等各类原始数据;脱敏数据集是经过去身份化、隐私化处理,或者在用户身份和行为数据基础上经过整理、统计、分析之后形成的群体性、类别性数据①。这两类数据集产品一般只经过简单加工处理,并未根据数据买方需求进行定制,对数据价值挖掘较少,其质量高低和成本大小对于价格估算具有决定性作用。因此,应当探索制定数据要素资源化成本核算制度,形成数据要素研发成本核算标准,按照"市场评价贡献,贡献决定报酬"原则,估价时应侧重考察数据集质量指标。同时,由于是直接交付数据集本身,估价时需要慎重结合数据集的隐私保护水平进行评估,对于有较大隐私泄露风险或隐私泄露后会造成较大影响的数据集,数据持有方往往要为数据安全付出较高治理成本,应当给予更高的估价。

一、建立针对社会和政府两侧数据的成本核算机制

一是针对社会侧数据资源,要研究形成统一的数据要素成本核算制度,有利于确认企业研发数据生产要素的投入成本,同时为数据信息化建设项目的投入成本测量和投入产出考核提供依据。目前数据生产要素的成本会计计量标准尚不统一,有观点认为企业应该将数据研发投入分项计量,还有观点认为应该将研发形成的数据要素计入未来现金流量净现值②。一方面,数据生产要素的统计标准和成本核算方法尚未建立,不利于数据要素对国民经济实际贡献的测度;另一方面,审计方法和投入产出绩效考核机制的缺乏,导致信息化建设中部分成效不明显的项目无法清退和暂停投入,造成

---

① 彭云:《大数据环境下数据确权问题研究》,《现代电信科技》2016年第5期。
② 曹文火:《数字资产会计核算问题探究》,《财务与会计》2020年第22期。

资金投入浪费。① 针对这一问题,近年来深圳市等地探索推进企业数据生产要素成本统计核算,取得了一定成效。

二是针对政府侧数据资源,要探索将公共数据纳入公共资源配置范畴,建立公共数据成本定价方法。鼓励各地区、各部门根据本地区、本部门的实际情况,建立数据成本核算制度,统筹考虑数据采集、存储、加工、管理等因素,分类核算数据成本,作为公共数据利用的收费参考标准。在行业主管部门、价格部门、财政部门指导下,结合数据核算成本,参照行政管理类、资源补偿类收费标准和流程,制定本地区、本系统(行业)数据利用收费标准管理办法,指导对授权运营主体进行收费。原则上对公益性目的的数据利用进行成本补偿收费或免费,对经营目的的数据利用进行合理定价收费。

二、基于成本法的数据资源定价方法

成本法,又称重置成本法,是将在当前条件下重新购置或建造一个全新状态的评估对象所需的全部成本(与合理利润),减去各项贬值后的差额作为评估对象价值的一种评估方法。其中考虑合理利润的主要原因是需要将资产生产者的风险成本纳入考量,而合理利润是风险成本的量化估计。对传统无形资产使用成本法评估时,为了弥补成本和价值对应性相对较差的问题,一般采用重置核算法或倍加系数法评估无形资产的价值,其本质均为:价值=成本+合理利润-折旧,即在该资产成本计算的基础上结合市场均值或企业历史数据确定此类无形资产的合理利润,并计提适当的折旧,以反映资产的真实价值。

借鉴传统无形资产成本计算的方法,数据资源建设总成本(TC)应包括使该数据达到预定用途的过程中所发生的所有成本。按照数据资源的建设

---

① 穆勇、王薇、赵莹、邵熠星:《我国数据资源资产化管理现状、问题及对策研究》,《电子政务》2017 年第 2 期。

阶段,数据资源的产生总体可分为前期规划、数据获取和资源形成三大阶段,各阶段的成本构成存在一定差异。前期规划阶段的成本主要指为获取该数据资源所进行的研究分析过程中产生的相关成本。数据获取阶段的成本构成与数据资源获取方式有关。数据资源获取方式主要包括外部采购、外部采集和内部积累三种。对于外部采购的数据资源,其成本主要包括向数据持有人购买数据的价款和相关税费等。对于其他各种渠道采集的数据,其获取成本则主要包括为采集该数据进行的一系列活动相关的人员、调研、场地等费用。此外,获取阶段还需付出获取后的一系列数据清洗核验成本,以确保采集的数据符合企业的要求。数据资源形成阶段则主要包括数据资源进入企业数据库后存储,并对其加工、挖掘,使其达到预期可使用状态的相关成本。

数据资源的成本构成与传统资产有较大差异,且由于受到数据完整情况、规模情况、使用情况等多种因素的影响,数据资源难以直接根据市场均值体现合理利润。中国光大银行在其《商业银行数据资产估值白皮书》中,借鉴了《资产评估专家指引第9号》(以下简称《指引》)中成本法的思路,在成本衡量及合理利润预估的基础上新增"综合调节系数"这一参数,优化传统成本法以消除其在数据资产估值中的不适应性,并对各参数的详细参考指标进行了探索。优化后的成本法公式如下:

$$P = TC * (1 + R) * U * (1 - D)$$

其中,P 为评估结果,TC 为数据资源建设的总成本,R 为数据资源的合理利润率,U 为综合调节系数,D 为资产贬值率。

第二节　资产化定价:"报价—估价—议价"
相结合的收益定价

数据本身并不能直接产生价值,通常需要与具体业务场景相结合,在市场主体提升效率、节省成本、扩大收入过程中实现其潜在价值,这一过程就是数据的资产化(从数据资源到数据产品和服务)过程。因此,数据资产化层面的定价就是对初加工的基于数据资源形成的深加工的数据产品的定价,适合采用收益分成模式。从实践看,目前绝大多数服务于金融和互联网领域的数据资产定价均采用"分润"模式或基于模型化算法化后形成的各类应用成效确定收益分配方式。如腾讯云市场即根据数据供应商过去一个月或一年内销售额,按 10%—20% 收取交易佣金。再如,依托数据交易所联结的跨机构、跨行业数据资源网络,银行、消费金融企业、保险公司等机构向运营商、航旅信息服务商等获取金融授权数据查询,并通过联合建模等方式在不泄露用户信息的前提下进行更复杂的信用评分和风险预测应用,在同行业机构间通过隐私计算联合查验客户是否属于黑名单或多头客户等,很多采用这一模式的数据服务商往往基于分润模式收取费用,其定价方式也属于收益法。在此过程中,价格的形成遵循市场化的基本原则,政府或交易机构不对数据进行直接定价,而是要在清晰界定数据用途用量的基础上,围绕数据资产质量、开发成本、隐私含量、模型贡献度等释放价格信号,各类市场交易主体通过区块链共识算法实现博弈定价,最后由市场主体在充分竞争和博弈中形成价格共识。

笔者从价格形成原理出发,在数据资产化定价模式方面探索涵盖数据卖方、数据买方、数据交易所、第三方机构四类主体的数据价格形成机制,提出"报价—估价—议价"的价格生成路径[①],即数据卖方初步报价,再由第三方机构估价,最后数据买方与卖方议价确定最终成交价的方式。

[①] 黄倩倩、王建冬、陈东、莫心瑶:《超大规模数据要素市场体系下数据价格生成机制研究》,《电子政务》2022 年第 2 期。

一、"报价—估价—议价"的基本原理

"报价—估价—议价"相结合的数据交易价格生成路径,以价格形成原理①为理论基础,参照传统要素市场价格形成的一般规律,并综合考虑了数据要素市场和数据产品的特殊性。需要强调的是,数据资产化定价强调以收益为基本导向,是因为数据产品的价值具有高度场景化特征,其定价模式主要取决于其与场景结合的紧密程度和所发挥效用的大小,但这并不意味着资产化定价中不涉及成本问题,其定价模型中同样包含成本、质量等资源化定价的影响因素。其基本原理可从以下三方面分析。

一是从价格形成主体间关系看,大部分传统要素商品的价格形成主体为买卖双方,其遵循"卖方自主定价报价,买卖双方协商议定最终成交价格"模式,可概括为"报价—议价"价格生成路径。该路径依赖于相对透明确定的供需双方关系,由众多卖方分散决策、自由定价,买方对比相似商品的质量、价格,通过市场供需关系和竞争的作用,最终形成合理的价格体系。相比之下,数据要素市场供需双方往往不确定、不透明,数据卖方尚未形成价格披露机制,数据买方对数据产品使用价值也缺少了解,难以进行比价竞争,传统要素市场的"报价—议价"机制无法充分发挥作用。因此,在数据买卖双方外,需引入独立、专业、客观的第三方机构,为买卖双方建立起确定、透明的业务关系,并基于此形成数据产品的公允市场价格。

二是从影响价格生成因素看,与传统要素商品不同,数据产品大多以买方个性化需求为导向,非标准化程度高,难以实行统一的定价标准来衡量数据产品价值。面向复杂的数据交易市场,应探索建立多维价值评估指标体系,将可记录的数据质量、应用价值、服务水平等价格影响因子要素化,构建

① 李建平、安乔治:《价格学原理》,中国人民大学出版社 2015 年版,第 1—8、45—47 页。

数据要素价格生成模型,探索数据要素的真实价值,提供合理估价,促进形成合理有效的数据要素市场价格体系。

三是从促进市场充分竞争角度看,数据要素市场尚未成熟,市场竞争不充分、信息不对称普遍存在,仅依靠"报价—议价"路径可能导致"价格失灵"现象。马克思主义价格理论认为价格形成应以价值为基础,并围绕价值上下波动,供需不平衡引起价格与价值的背离。在完善的价格形成机制中,价格既应充分反映市场供需,又不过于偏离价值。然而,目前一些数据卖方掌握了较多数据资源,滥用市场垄断地位,通过价格歧视以获取垄断利润,使数据配置处于无效的"扭曲"状态,价格信号失真,严重偏离价值,导致"价格失灵"。因此,除参照传统要素市场的"报价—议价"模式外,还应探索形成一个第三方的"估价"机制,科学评估数据产品价值,为数据产品合理定价提供机制化服务。

二、"报价—估价—议价"的实现路径

参考股票发行市场,股票在上市发行前由发行人和券商预估发行价,再通过一级市场投资者询价议价形成最终发行价格,在这个价格形成过程中,券商作为第三方机构发挥了专业性较强的"估价"作用,从而大大提高了市场成交效率。在数据要素流通市场的交易定价流程设计上,可通过结合数据卖方报价、第三方机构估价、数据买方与数据卖方议价的方式,在数据交易所完成交易,实现多方市场参与主体共同决定数据产品价格。即实现数据交易市场"报价—估价—议价"相结合的数据交易价格生成路径(见图7-2)。

(一)数据卖方报价

数据卖方在数据交易所对相应数据产品报价。为实现收益最大化,数据卖方需综合考虑数据产品开发成本、市场供需关系、产品应用潜力、同类产品竞争性、同领域数据价值、综合历史价格等因素,平衡自身期望,进行初

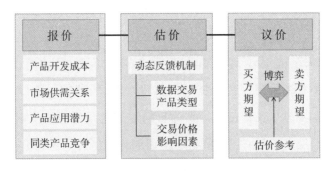

图 7-2 "报价—估价—议价"价格生成路径

资料来源:黄倩倩、王建冬、陈东、莫心瑶:《超大规模数据要素市场体系下数据价格生成机制研究》,《电子政务》2022 年第 2 期。

步报价。在实际操作中,因为数据卖方对于数据市场运行规模和供需关系并不一定完全掌握,很多情况下也会通过与第三方专业估价机构合作提出初步报价。一般来说,数据卖方的报价策略会根据自身商业目的有所调整,如出于积累知名度和增大客户群的目的进行数据降价促销,也可能会基于对自身数据特殊性功能或数据保密性等考虑给出较高报价。

(二)第三方机构估价

从长远发展看,数据商作为第三方机构对数据产品的市场供求状态了解更充分、更翔实,也更有创造和撮合数据业务应用场景的能力,数据商从数据产品类型和价格影响因素两个角度进行综合考虑,形成估价模型,估价过程则遵循动态反馈机制,通过比对估价结果和报价、议价结果,可促进估价模型不断完善,估价的精准度不断提高。

从数据产品类型角度看,针对不同的数据产品,有不同的估价侧重点。如前所述,在数据产品的 4 阶体系中,原生数据(0 阶和 1 阶数据)从属于上一节所说的数据资源成本定价。而衍生数据中,2 阶模型化数据是结合用户需求进行模型化开发形成的结果数据,如用户画像"标签"、身份验证服务等,是当下最普遍的数据交易形态;3 阶人工智能化数据则是基于原始数据集、脱敏数据集或标签化数据,结合人工智能相关技术形成的诸如人脸识别、语音识别、拍照翻译等人工智能服务。这两类数据服务产品均基于客户需求进行了个性化定制,具有明确、具体的应用场景和业务场景,数据产品形成过程中可能使用多方来源数据,需要多方共建模型。因此,在估价此类数据产品时,应结合具体场景评估数据服务产品对于数据买方的效用。目前,笔者所在团队正在深圳、庆阳等地落地建设数据要素智能撮合平台,其主要目的之一就是针对数据供需双方提供2阶数据层面的模型试评估服务,基于数据对算法模型的贡献度为数据买卖双方议价提供参考。后续,针对多方参与联合训练模型的情况,还须探索建立科学的多方贡献评估机制,合理分配多方收益。

　　从数据产品价格影响因素角度看,建立数据产品价值评估指标体系(见图7-3),多维度评估数据产品价值。综合各方研究、国家标准和实践经验①②③,笔者认为数据产品价值可从成本、数据质量、应用价值和品牌价值四个维度考虑。(1)成本维度大致可沿用数据资源定价的成本评估模式,除开发成本、运维成本和管理成本④外,考虑到数据产品个性化程度较高,对接数据买方需求产生会额外投入,增加了调研成本指标,用于表征应用需求分析阶段的成本投入。(2)数据质量维度,参考全国信息技术标准化技术委员会提出的数据质量评价指标⑤,设定规范性、一致性、完整性、时效性、准确性等数据质量评估指标。同时,由于数据质量对数据价值实现层面具有显著影响,增加了稀缺性、多维性、有效性、安全性四类评估指标。(3)应用价

　　① 张志刚、杨栋枢、吴红侠:《数据资产价值评估模型研究与应用》,《现代电子技术》2015 年第 20 期。

　　② 高昂、彭云峰、王思睿:《数据资产价值评价标准化研究》,《中国标准化》2020 年第 5 期。

　　③ 蔡莉、黄振弘、梁宇、朱扬勇:《数据定价研究综述》,《计算机科学与探索》2021 年第 9 期。

　　④ 国家市场监督管理总局、中国国家标准化管理委员会:《电子商务数据资产评价指标体系》,2019 年 6 月 4 日。

　　⑤ 国家市场监督管理总局、中国国家标准化管理委员会:《信息技术　数据质量评价指标》,2018 年 6 月 7 日。

值维度,通过分析历史交易数据量化评估数据产品在不同应用场景下的效用和价值,设定关联度、实用度、复用度、受众广度、受众深度和场景经济性①六类指标。(4)品牌价值维度,集中体现了数据产品的品牌方,即数据卖方的综合能力和水平,反映了长期内数据产品的质量好坏及稳定程度,从数据卖方的信用水平、服务水平、数据管理能力、安全治理能力②四方面考虑。

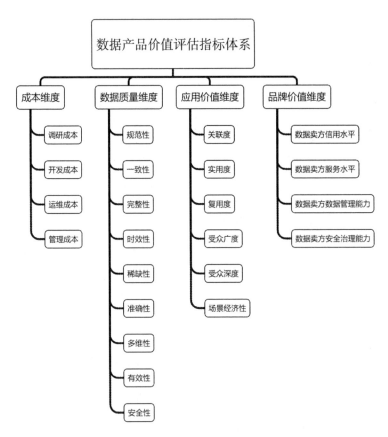

图 7-3　数据产品价值评估指标体系

资料来源:黄倩倩、王建冬、陈东、莫心瑶:《超大规模数据要素市场体系下数据价格生成机制研究》,《电子政务》2022 年第 2 期。

---

①　上海德勤资产评估有限公司、阿里研究院:《数据资产化之路——数据资产的估值与行业实践》,2019 年版。
②　中国信通院:《可信大数据评估评测》,2022 年版。

（三）买卖双方议价

数据买卖双方进行议价，形成数据产品最终成交价。站在不同交易主体的视角看，议价是一个多方博弈和期望平衡的过程。从数据卖方视角看，其重视数据产品的变现能力和未来预期收益，如对于会形成长期合作、带来长期收益的买方，卖方通常愿意接受较低的报价。从数据买方视角看，其重视数据产品的应用价值，不同数据买方对数据产品的效用认可度差异较大，支付敏感性强。同时，基于其业务目标，数据买方可能要购买一系列数据产品，在此情况下，数据买方对特定数据产品的期望价格还与整体的预算分配考虑有关。此外，估价结果可用于议价参考，议价结果可反馈至估价模型，促进估价模型完善。

"报价—估价—议价"相结合的价格生成路径，充分发挥数据要素市场各参与主体的作用，致力解决数据价值难以度量、数据价格共识难以达成的问题，促进形成合理的数据要素市场价格体系。在该路径下，参照证券交易所的角色定位，数据交易所不对数据产品进行定价或估价，只提供进行数据交易的场所或平台。但数据交易所作为数据交易的集中场所和信息中枢，其沉淀积累的海量数据交易信息将有利于丰富完善数据定价模型，为实现超大规模数据要素市场体系下的数据产品动态定价策略提供有力支撑。

三、启动期与成熟期的数据产品动态定价策略

数据产品定价不应脱离所处的市场阶段和市场环境，数据要素市场的标准化动态定价模型的生成是探索"市场评价贡献"机制的关键，对数据要素市场的建设具有重要指导意义。在具体实施路径上，应按照数据要素市场的不同发展程度采用不同的定价策略。与土地、资本等其他成熟的生产要素市场相比，当前数据要素市场发展尚处起步阶段，其价格形成就要经历一个逐步成熟的过程，不大可能从一开始就建立一个完备的价格体系。基于此，笔者提出按照"启动期—成熟期"分步走的数据产品动态定价策略（见图7-4），即

在数据要素市场培育的初期,以交易双方议价撮合为主、第三方机构估价为辅;随着数据要素流通市场的发展与成熟,逐步向科学、公允的定价模式过渡;待全国超大规模数据要素市场体系建成后,实现数据产品的标准化定价。

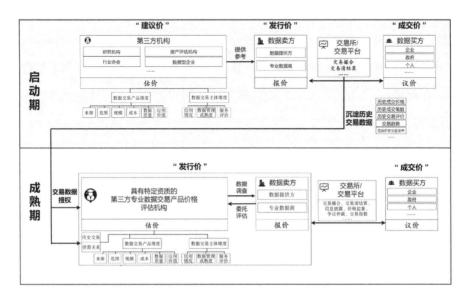

图 7-4 适用于不同市场阶段数据产品动态定价策略

资料来源:黄倩倩、王建冬、陈东、莫心瑶:《超大规模数据要素市场体系下数据价格生成机制研究》,《电子政务》2022 年第 2 期。

(一)启动期

在数据要素市场培育初期,市场主体参与度较低,该阶段的数据流通交易存在几个特点:①数据流通市场生态不健全,"估价"角色由传统资产评估机构、行业协会等市场主体自发承担,专业化数据价值评估机构数量少、业务能力有限;②数据交易所或交易平台尚处运营初期,其职能以交易撮合为主,在价格指导及监督管理等方面话语权尚待建立;③场内交易较少,数据产品标准化程度较低,历史交易参考价值低,估价机构仅能从成本、数据质量等数据产品本身维度构建估价模型,数据产品的应用价值和品牌价值难以评价，市场实际供需关系较难体现在估价模型中，估价结果的合理性有待考量。

因此，该阶段的定价策略应坚持"买卖双方为主，第三方估价为辅"的原则。即：①由数据卖方自行报价形成"初始价"，第三方机构依据数据交易产品来源、范围、规模、成本、数据质量及数据卖方数据管理成熟度等维度对数据产品进行估价，形成"建议价"，该建议价仅供卖方参考，不对买方及社会公布；②数据卖方根据估价机构给出的"建议价"，结合市场实际调整报价，形成数据产品上市"发行价"，向交易所/交易平台提出产品上架申请；③在交易所/交易平台的撮合下，买卖双方依据发行价进行协商议价，达成交易，形成"成交价"。在启动期，数据交易频次较低、数量稀少，因此往往交易价格波动性强、定价标准化程度低。

（二）成熟期

随着数据交易流通市场的发展及相关政策、制度及规则的完善，场内交易集聚效应日趋显著，全国统一的超大规模数据要素市场体系逐渐形成，市场进入成熟期。市场进入成熟期主要有五个标志：①交易规则、市场激励、市场监管等数据要素市场相关政策及规则体系已基本建立，市场制度相对健全；②交易主体、交易标的、交易平台等市场要素明晰；③数据要素市场生态基本形成，以数据交易所/交易平台、数据供需方、数据商及专门开展数据合规审查、质量监管、数据评估等业务的专业服务机构四类主体为代表的数据要素市场生态格局基本形成，各类主体分工明确；④由政府主导、社会参与的国家级数据交易所/交易平台及相关公共基础设施投入运营，交易所/交易平台具有公共属性和公益定位，其公信力被市场认可，除了提供场内数据交易撮合与清结算外，数据交易所/交易平台还是交易规则制定、交易信息披露的唯一指定场所；⑤场外数据交易实现向场内交易的有效转化，场内数据交易市场活跃，数据交易产品以规范化、标准化、高频化产品为主，数据产品价格趋于稳定。

该阶段,第三方机构估价业务逐步成熟,涌现出一批专业化第三方数据价值评估机构,这些机构持有国家级交易所或国家相关部门授予的数据资产价值评估认证授权,估价方法应符合相关国家标准及有关规定,估价结果能较好反映市场实际,数据价格向标准化定价模式演进。一方面,随着交易市场的活跃,交易所/交易平台沉淀的交易价格、交易规模、交易评价、交易趋势、同类产品或竞品销售情况等历史交易数据以安全可信方式授权给评估机构使用,评估机构可在估价模型设计时引入这类信息,实现数据产品历史交易、供需情况、成本、数据质量、应用价值、品牌价值等方面的全面评估,与启动期相比,估价模型更加科学合理;另一方面,参考券商尽职调查机制,评估机构可对拟发行数据产品的数据卖方进行"数据调查",评估机构结合数据调查结果、市场供需实际及估价模型评估结果进行综合估价,确定数据产品上市"发行价",向交易所/交易平台提出产品上架申请。在交易所/交易平台的撮合下,买卖双方依据发行价进行协商议价,达成交易,形成"成交价"。在成熟期,数据交易议价空间明显缩小,价格标准化程度显著提高。

第三节　资本化定价:探索建立数据证券化和股权化定价机制

从资本、土地等要素市场发展历史经验看,实现要素从资源化到资产化是具有决定意义的"第一次飞跃",这一跃解决的是产品化和形成市场流通的问题,而从资产化到资本化则是"第二次飞跃",这一跃对于激励资本参与产业发展、激发创业者的创新动力都具有重要价值。当前,实现数据从资产化到资本化的"第二次飞跃",核心路径主要包括数据证券化和数据股权化两方面。尽管数据资本化定价目前还不具备实际可操作性,但笔者认为未来数据资本化是大势所趋,其定价模式依然值得探讨。

一、数据证券化及其估价方法初探

随着我国金融市场的蓬勃发展,任何一种能在可见的未来产生稳定现金流的资产,都可以证券化。目前很多机构和研究者都在研究论证试点数据证券化运作,选取数据交易市场中公信力强、标准化、可推演、较成熟的数据资产,探索将企业数据资产纳入企业资产负债表,参考知识产权证券化方式,以数据资产未来现金流作为偿付来源,向投资者发行有价证券。并可将其转为链上数字资产,通过数据证券化产品的发行和交易,进一步提高数据要素价值的流动性。

数据证券化中的价格生成过程部分类似于传统资产的市场法估价方法。在传统资产的市场法评估中,通常交易标的是标准化的资产,拥有标准化的评估指标。相比之下,数据资产还没有统一的衡量指标,因此应用市场法评估数据的证券化价值时,需要对可比案例市场价值的修正系数做较为详尽的考虑。首先应该根据交易对象和交易条件选择类似的数据证券化标的(数据资源或数据产品)作为可比案例。对于类似数据标的,可以从相近数据类型和相近数据用途两个方面考虑。常见的数据类型包括:用户关系数据、基于用户关系产生的社交数据、交易数据、信用数据、用户搜索表征的需求数据等;较常见的数据用途包括:精准化营销、产品销售预测和需求管理、客户关系管理、风险管控等。

目前市场上的投资者对创新型的金融衍生品工具的认识和风险承受能力正在逐步提高,对于数据资产这种价值得到社会认可的资产在资本市场进行融资普遍持积极态度。可以预见,数据资产的金融衍生工具对于数据交易市场的发展具有积极意义,也是数据资产增值的重要方式。例如,企业可以将内部重要的数据资产运用到企业的融资当中,将数据资产进行证券化,以未来的现金收入作为担保。当出现资金周转困难时,也可以对数据资产进行资产变现。企业想要提高数据资产投资的吸引力,需要以市场需求为导向进行数据资产项目的包装,可以将数据资产和数据分析服务整体打包,打造一个全新的数据服务体系,以此作为基础进行数据资产的证券化,并聘请专业的资产管理团队设计一套现代化的数据挖掘分析服务体系,优化企业的数据资产管理,提高数据资产在资本市场的吸引力,帮助企业通过数据资产融资,为数据要素型企业扩大再生产提供融资保障。

二、数据股权化及其估价方法初探

正如维克托·迈尔—舍恩伯格在《数据资本时代》一书中所指出的,"富含数据的市场正在悄然兴起"①。数字经济时代,数据成为驱动企业价值创造和转型升级的关键要素。站在现代企业制度的角度,承认数据作为一种生产要素参与分配的价值,其核心是要将企业采集、持有、控制、处理、加工数据的权益转化为股权。因此,很多学者提出,为了维护和保障企业数据资本收益权,特别是间接获取收益的数据要素资本,应将其"作资入股",转化为股权,按照股权平等的原则和贡献程度参与分配。② 这是数据价值全面升级的关键一步,也是未来数据要素市场化改革的最重要成果。

在实际操作中,这种数据股权化的模式实际上跟技术要素市场构建中技术入股的模式有很多相似之处。所谓技术入股,是以技术人员的知识或知识产权、技术诀窍、设备、工厂厂房等作为资本股份,投入合资经营或联营企业,从而取得该企业股权的一种行为。技术入股和资本入股一样享有按股份比例对企业所有权和按股分红的权利。1997 年,国家科委和工商行政管理局联合印发了《关于以高新技术成果出资入股若干问题的规定》,为后续开展各种技术入股操作实践指明了方向。目前,各地已经开始积极探索

---

① [奥]维克托·迈尔—舍恩伯格:《数据资本时代》,李晓霞、周涛译,中信出版社 2018年版,第62—63 页。

② 蒋永穆:《数据作为生产要素参与分配的现实路径》,《国家治理》2020 年第 31 期。

推动数据入股方面的实践。如 2023 年 1 月正式施行的《北京市数字经济促进条例》中就明确提出，支持开展数据入股、数据信贷、数据信托和数据资产证券化等数字经济业态创新。

　　从数据入股的实际操作看，其核心主要包括几个方面：一是什么样的数据要素可以作为入股标的。《关于以高新技术成果出资入股若干问题的规定》中明确要求，出资入股的高新技术成果应当属于国家科委颁布的高新技术范围。从规范市场监管的考虑出发，未来有必要尽快推动研究制定数据要素型企业认定标准，属于数据要素型企业所持有的数据资源方可作为估价和入股标的物。二是数据估价的依据。一般而言，技术估价包括协商作价和评估作价两种，前者是专业评估机构对出资人的技术成果价值进行确定，即将技术价值进行量化的过程；后者则是出资人不经评估，自行商定入股技术的作价金额，这种作价方式是在出资各方诚信的基础上，通过协商来确定出资技术的价值。中国资产评估协会正在推进研究的《数据资产评估指导意见》可作为未来专业机构开展数据资产价值评估的参考依据，并进一步指导数据股权化的估值实践。三是数据入股的股权占比。《关于以高新技术成果出资入股若干问题的规定》中明确规定，以高新技术成果出资入股，作价总金额可以超过公司注册资本的 20%，但不得超过 35%。未来，也需要在政策层面对数据入股的股比范围等进行较为明确的界定和说明。

第八章

数据要素的核算体系

数字技术的不断发展,数据交易市场制度和规则的建立健全,为促进数据交易流通,激活数据要素价值提供了技术条件和制度基础,也为数据资产管理和价值实现提供了"数据可控、资产可用、价值可信"的实践路径。随着国民经济各行业数字化转型的深入,数据与资本、人力、技术等生产要素深度融合,已经成为企业经营管理的关键生产要素。数字经济时代,数据将成为企业的重要资产,这些资产在会计和统计核算体系中如何体现将成为一个需要在实践中不断创新的新命题。对于数据密集型企业而言,需要探索如何对其数据资产进行会计和统计核算,以及如何对数据资产进行后续计量和披露,提高数据密集型企业现有会计报表资产的信息和质量,推动资本市场发现企业潜在价值。

从经济史的视角来看,"资产"的属性、范畴、种类、范围,都经历了一个不断扩张和深化的过程。在人类经济史上的很长一段时间里,"资产"都主要表现为"实物资产"形态,比如农业时代的土地、房产、贵金属,工业时代的厂房、设备等。随着工业经济的发展,社会经济复杂性不断上升,又出现了"无形资产"的范畴,比如狭义的企业品牌、知识产权、专有技术等。而到了数字经济时代,随着数据、算法的发展,"资产"的形态和范围正在出现全新的革命性变化,以数据产品和服务为代表的数据要素资产就是一种全新的资产形态。数据由资源、资产到资本的演变过程,遵循着数据资产价值逐步显化和实现的逻辑。加快推进数据资产进行统计核算和会计入表,发挥其对生产效率提升的倍增效应,是我国数字经济发展的必然趋势。

第一节　数据要素核算的实践探索和重要意义

一、政府和业界的实践探索

随着我国数字经济的深入发展,关于数据生产要素和数据资产统计核算的实践探索持续涌现,国家政策导向、地方先行试点、企业实践探索等方面不断取得创新发展的新成果。

从国家政策层面来看,数据要素市场化配置上升为国家战略后,数据资产会计核算和统计核算的相关政策研究已提上日程,学术界和产业界频频建议将数据纳入宏观层面的国民经济核算和微观层面的企业会计核算范围。2020 年 1 月,时任国家统计局局长宁吉喆在全国统计工作会议报告中也提出要将数据生产要素统计核算工作作为未来工作部署中的重点。2021年 11 月,《会计改革与发展"十四五"规划纲要》中明确提出要"加强企业会计准则前瞻性研究,主动应对新经济、新业态、新模式的影响,积极谋划会计准则未来发展方向"。财政部会计司针对《会计改革与发展"十四五"规划纲要》的解读文章提出,会计改革与发展要密切跟踪当前经济社会中的热点问题,如数据资产等,从而不断完善企业会计准则体系,为核算新的商业模式等提供标尺。2022 年 2 月,财政部会计准则委员会公开发布《关于数据资源的调查问卷》。2022 年 12 月,财政部正式就《企业数据资源相关会计处理暂行规定》面向全社会征求意见,表明数据资产的会计核算相关政策研究已在国家层面列入政策议程。

从地方探索层面来看,部分省市积极开展数据资产核算试点和制度创新。2020 年 10 月,中共中央办公厅、国务院办公厅印发《深圳建设中国特色社会主义先行示范区综合改革试点实施方案(2020—2025 年)》,授权深圳开展数据生产要素统计核算试点。深圳按照三年"三步走"试点工作策略,2020 年初步构建了有关统计核算理论方法体系,2021 年首次大规模成体系实施了南山区试点工作,2022 年制定印发了数据生产要素统计核算全市试点工作方案,推进全市试点工作。在此期间,《深圳经济特区数据条例》《深圳经济特区数字经济产业促进条例》也先后对数据生产要素统计核算作出了相关规定。2021 年 7 月,《广州市数字经济促进条例》提出,探索数据资产管理制度,建立数据资产评估、登记、保护、争议裁决和统计等制度,推动数据资产凭证生成、存储、归集、流转和应用的全流程管理。2021 年 11 月,《上海市数据条例》提出,建立健全数据要素配置的统计指标体系和评估评价指南,科学评价各区、各部门、各领域的数据对经济社会发展的贡献度。2023 年 1 月正式施行的《北京市数字经济促进条例》提出,探索建立数据生产要素会计核算制度,推动数据生产要素资本化核算,激发企业在数字经济领域投资动力。

从企业实践层面来看,评估数据资产价值成为企业关注焦点,部分企业已开展探索性实践。数据资产价值评估是量化数据资产价值的有效方式,推动企业持续投入资源开展数据资产管理,为企业参与数据要素流通奠定基础。2021 年 1 月,中国光大银行发布《商业银行数据资产估值白皮书》,系统研究了商业银行的数据资产估值体系建设,提出了成本法、收益法、市场法等数据资产货币化估值方法,并从自身数据资产特点出发,确定了 17

个计算公式,结合 111 个计算参数,明确了 198 个计算指标及口径,对行内数据资产进行了系统估值,在数据要素资产化领域进行了创新性探索。2022 年 6 月,中国光大银行联合粤港澳大湾区大数据研究院共同启动"中国光大银行数据资产入表授信及数据商建设项目",明确提出共同推动数据资产入表研究工作,研究内容包括数据资产入表条件、路径、方案和编制数据资产相关报表等。在此基础上,研究数据资产认定、授信价值评估、授信报告等内容,建立数据资产授信评估模型并开展试点,探索通过数据资产开展授信融资的方法,践行普惠金融理念。2021 年 3 月,南方电网发布《中国南方电网有限责任公司数据资产定价方法(试行)》,规定了公司数据资产的基本特征、产品类型、成本构成、定价方法并给出相关费用标准,为后续数据资产的高效流通做好准备。2021 年 10 月,浦发银行发布《商业银行数据资产管理体系建设实践报告》,根据数据资产能否直接产生价值,将数据资产分类为基础型数据资产和服务型数据资产,并将数据资产写入资产负债表、现金流量表和利润表之外的第四张表——"数据资产经营报表"。

二、建立数据资产核算体系的重要意义

数据是数字经济的关键要素,已成为国家重要的战略性资源,正逐步成为一种重要的新型资产。探索用货币度量数据要素的资产价值,建立数据生产要素的会计和统计核算制度,为下一步构建数据资产"入表"制度奠定基础,具有重要的现实意义。

一是显化数据资源价值,真实反映经济运行状态的需要。数字经济的演变和发展从根本上推动商业模式变革,对以工业经济为基础的国民经济核算和会计体系提出新挑战。当前经济和会计核算制度下,数据密集型和平台型企业出现了"市值远大于净资产"的突出特征。如 Facebook 在 2011 年上市时公司市值超过 1000 亿美元,公布的资产价值则仅有 66 亿美元,巨大差额产生的原因是 Facebook 的"数据资产"无法体现在会计账面上——

Facebook 上市时拥有 8.45 亿个月活跃用户,每日产生 27 亿条评论,每日上传 2.5 亿张照片,1000 亿条好友关系,这些数据的价值十分巨大。再如《财富》杂志统计,2021 年腾讯公布资产账面价值 1710 亿元人民币,同期市值则为 4.7 万亿元。这些情况说明传统的资产核算方法不能反映公司实际资产情况,数据要素的价值被市场"视而不见"或"严重低估"。建立数据资产核算和入表机制,一方面,为数据作为新型资产纳入宏观经济统计和国民经济核算奠定基础,为数字化转型背景下客观科学地反映经济发展态势、做好宏观调控提供支撑,有利于更加系统和科学地记录和评价不同领域和类型的数据要素对经济社会发展的贡献度,更好地推动经济秩序规范建立;另一方面,有利于盘活现有数据资产的价值,展示企业数字竞争优势,为企业依据数据资产开展投融资提供依据,同时合理的价值评估能有效促进内外部会计信息使用者管理与决策水平的提升,优化市场资源配置。

二是促进数据流通使用,实现按市场贡献分配的需要。目前我国场内数据交易普遍规模狭小,场外数据交易"入场难"问题广泛存在。笔者认为,交易的根本性驱动力是经济利益驱动,当前场内数据交易吸引力不足的核心原因不是技术问题,而是企业缺乏入场交易的经济驱动力。在企业看来,场内交易没有额外收益,反而要接受很多"不必要"甚至"束缚手脚"的监管,增加了交易成本,从而缺乏进场交易的意愿。如果能够将数据资产纳入企业资产负债表,进而支撑基于数据资产开展抵押、融资、租赁等金融行为,就能够形成数据交易流通的"财富创造和放大效应",最大限度地激发数据交易各方参与数据流通交易的积极性。建立数据资产核算和入表机制有利于提升企业数据资产意识,形成共通的数据语言,有效激活数据市场供需主体的积极性,增强数据流通共享意愿,盘活"数据孤岛",减少"死数据",为企业对数据进行深度开发利用提供动力和支撑保障。可以说,数据核算体系的建立和完善是按市场贡献分配的前置条件,是实现数据要素市场化配置的关键所在。

三是培育数据产业生态，探索发展"数据财政"的需要。从长远发展看，入表是激活全社会数据资产巨大价值，实现从"土地财政"到"数据财政"升级的重要路径。我国地大物博、人口和产业规模巨大，数据要素资源禀赋居全球前列，企业积累的数据资产规模十分可观。建立数据资产核算和入表机制对培育壮大数据产业具有重要作用，能够有效带动数据清洗、数据标注、质量评价、资产评估等数据服务产业发展，深化数字技术创新应用、激发数字经济发展活力，促进壮大数据为数字经济赋能、提质、增效，营造繁荣发展的数字生态。在形成科学有序的建立数据资产核算和入表路径的基础上，针对这样一个庞大的增量市场出台专门配套金融财税政策，将大大改善相关行业企业资产水平，催生新的税基。释放公共数据资产价值和红利方面，可探索数据授权运营方向政府业务部门主体进行收益反哺的二次分配机制，如将数据授权运营收益转化为政府部门新增财政拨款并用于改进政府数据治理和应用水平，从而形成政府财政收入的新来源。

四是提升数据安全管理，实现安全可控发展的需要。伴随我国数字经济高速发展，数据安全引发的新问题层出不穷。近年来，隐私信息滥用、数据黑市倒卖、境外势力违法收集信息等数据安全事件频发，给居民生活、企业经营、国家安全都带来不同程度的影响和损害。如果说传统意义上大国竞争的内容是争夺有限的领土和自然资源，那么在数据世界争夺的最重要资源之一就是数据。安全是发展的前提，发展是安全的保障，数字经济时代要坚持安全和发展并重。从市场角度看，建立数据资产核算体系，在提升数据资产价值的同时能够有效促进提升数据安全意识，加强数据使用的规范性，提升数据交易过程中的安全监管，有助于加强对交易过程中的隐私泄露、数据造假等问题的监管治理。从政府角度看，有利于防止国有数据资产流失，推进建立数据市场安全风险预警机制和数据跨境流动风险防控机制,为要素市场规范建设和有序发展提供重要保障。

第二节　核算视角下的数据资产特征与分类

无论会计核算还是统计核算,核算的主要对象都是市场主体持有的各类数据资产。当前,数据资产存在多重定义、具备多样特征和多种分类方式,深入了解数据资产的特征,厘清数据资产分类的方式方法,是数据资产确认的必要条件,也是数据资产能够核算和入表的关键。目前,学术界和产业界尚未对数据资产给出公认的统一定义。从范围来看,数据资产需满足资产定义的大前提,即首先是资产,从类别来看,因数据具有非实体性等特征,因而数据资产和无形资产便具有了"千丝万缕"的关系。笔者结合数据资产的自身特性,梳理得出数据资产的定义和基本特征。

一、数据和资产

现有国民经济核算体系对数据资产的核算反映存在一定的迟滞性,数据的价值及其对经济增长的贡献无法得到客观反映。国际组织也注意到了现有《2008 年国民账户体系》(The System of National Accounts 2008,以下简称 SNA2008)在数据及其资产核算方面的不足,联合国统计委员会秘书处间国民账户工作组(The Inter‐Secretariat Working Group on National Accounts,ISWGNA)①已经将数字化作为 SNA 未来更新的三大优先议题之一,探讨数据资产核算理论和方法,已成为当下国民经济核算亟须解决的重要议题。

SNA2008 对资产给出了一般性定义,即资产是一种价值储备,代表经

---

① ISWGNA 是联合国统计委员会(UNSC)为加强在同一领域工作的国际组织之间的合作而设立的最古老的机构间机构之一,负责对 SNA 进行更新,其包括五个成员:欧盟委员会、国际货币基金组织、经济合作与发展组织、联合国和世界银行。

济所有者在一定时期内通过持有或使用某实体所产生的一次性或连续性经济利益,它是价值从一个核算期向另一个核算期结转的载体。考虑到数据资产应当属于非金融资产,其明显有别于存货和贵重物品,且以生产为目的,因而更倾向于将其界定为固定资产。结合上述资产定义,ISWGNA 将数据资产定义为:其经济所有者通过在生产中持有或使用至少一年并获得经济利益的数据(长寿命数据)为固定资产。

国际会计准则理事会(International Accounting Standards Board,IASB)于 2018 年 3 月发布的修订后的《财务报告概念框架》(以下简称"概念框架 2018")将不确定性全面纳入会计核算体系,为不确定性经济业务的会计确认决策提供了理论指引。概念框架 2018 将资产定义为:因过去事项形成的,由主体控制的现时经济资源。其中,经济资源指具备产生经济利益潜力的权利。可见,概念框架 2018 则强调资产确认需满足权利、有潜力产生经济利益、控制三个条件。其中,有潜力产生经济利益的权利具有多种形式,包括对应另一方义务的权利(如收取现金的权利、收取商品或服务的权利、交换经济资源的权利等)和未对应另一方义务的权利(如对物理实物的权利、使用知识产权的权利等)。在很多情况下,经济资源是指一系列权利,而不是物理实物本身。产生经济利益的潜力,也不需要是确定的,只需要该权利已经存在,并且至少在一种情况下,它将为主体产生超过所有其他方可获得的经济利益。尽管一项经济资源从其产生未来经济利益的现时潜力获得价值,但该经济资源是包含该潜力的现时权利,而不是该权利可能产生的未来经济利益。对经济资源的控制,通常来源于可执行法定权利的能力。但是,控制也可以来源于其他方式,倘若主体具有其他方式确保其自身,而不是其他方,具有主导该经济资源使用,并获得可能来自其产生的经济利益的现时能力。

笔者认为,概念框架 2018 对资产的确认条件进行了创新性的阐述,为数据资产的定义提供了有价值的参考。这些创新主要表现在以下两个方面。

一是强调资产是一项权利。在概念框架 2018 之前,资产的定义包含术语"资源",概念框架 2018 使用术语"经济资源",并对经济资源进行了定义,强调资产是一项权利。对于物理实物,比如不动产、厂房和设备,经济资源不是物理实物本身,而是一系列针对该实物的权利。此外,很多资产是通过合同、法律或类似方式建立的权利,例如,金融资产、承租方对所租入机器的使用权,以及很多无形资产,比如专利权。

二是将不确定性纳入会计计量体系。概念框架 2018 在以下内容凸显了计量不确定性的地位:(1)首次肯定计量不确定性的"如实反映"价值,认为只要"估计过程是清晰的,被确切描述和解释",即使这种计量的不确定性在一个较高水平,也能提供有用会计信息;(2)删除了资产负债强调"预期经济流入/流出"的定义描述,凸显资产负债"基本权利与义务"的本质特性,拓展了资产负债要素概念范围;(3)抛弃"可能性与可靠性"确认的旧标准,提出只要"对决策有用,达到相关性和如实反映的质量特征要求,资产负债就应被确认"的新标准,降低了经济利益流入流出阈值要求,打破了不确定性资产负债的确认局限;(4)添加公允价值计量属性,及时反映不确定性资产负债的价值变化,制定基于现金流的估值技术操作指南,为公允价值无法直接观察的资产负债的可靠估计提供原则指引。

我国的《企业会计准则——基本准则》(财政部令第 33 号)规定,资产是指企业过去的交易或者事项形成的、由企业拥有或者控制的、预期会给企业带来经济利益的资源。其中,由企业拥有或者控制,是指企业享有某项资源的所有权,或者虽然不享有某项资源的所有权,但该资源能被企业所控制,有实际控制权。预期会给企业带来经济利益,是指直接或者间接导致现金和现金等价物流入企业的潜力。符合准则规定的资产定义的资源,在同时满足以下条件时确认为资产：一是与该资源有关的经济利益很可能流入企业；二是该资源的成本或者价值能够可靠地计量。

综合上述相关定义，数据要成为资产，需要满足以下条件：一是由企业过去的事项形成。通常来讲，大部分数据是在企业的生产经营活动中产生，是由过去的事项形成的。但是，数据是动态的，并且持续更新的数据才更有价值。数据的价值不仅体现在现有的数据，更在于未来可以持续更新或扩充该类数据的能力。二是由企业拥有或控制。该标准涉及数据的权属问题，对于数据的权属，目前中国尚未有完整的法律体系。通常情况下，对于依托于互联网平台产生的数据，如搜索引擎的用户在搜索引擎平台输入的数据，这类数据一方面来源于用户的搜索行为，另一方面也来源于平台的信息系统，对这种可能产生权益交叉的问题，目前平台和用户在遵照法律原则规定的前提下，通过合同的方式确定其权益的分配，进而确保平台可利用该数据为企业创造价值，同时用户可基于合同保障自身合法权益，在这种情况下可以认为平台企业拥有了数据资源的实际控制权，亦即"数据二十条"所说的数据资源持有权。三是预期为企业带来经济利益。企业在运营中可能产生大量数据，数据在被有效地挖掘、整合后可以产生价值。但并不是所有数据都值得被利用，如果数据的取得、维护成本大于其产生的收益，或企业无法通过自用或外部商业化对其有效变现，那么这部分数据就不存在经济利益，即没有被视为数据资产的意义。四是成本或价值可以可靠计量。数据的成本主要包括获取成本、加工处理成本、存储等持有成本，其中，加工处理成本、持有成本可以直接对应至相关数据对象，相对方便计量；但大部分数据为企业生产经营的附加产物，获取成本通常难以从业务中划分出来而难以可靠计量。此外，数据的价值主要取决于数据的应用场景，同一数据在不同的应用场景下价值差异可能很大，也是导致数据资产价值难以计量的重要因素之一。

二、数据和无形资产

数据不具备实物形态，因此需要进一步参考借鉴关于"无形资产"的概念界定。根据我国《企业会计准则第6号：无形资产》，无形资产是指企业拥有或者控制的没有实物形态的可辨认非货币性资产。其中，符合无形资产定义中的可辨认性标准需同时满足以下条件：一是能够从企业中分离或者划分出来，并能单独或者与相关合同、资产或负债一起，用于出售、转移、授予许可、租赁或者交换；二是源自合同性权利或其他法定权利，无论这些权利是否可以从企业或其他权利和义务中转移或者分离。当然，无形资产同时满足下列条件的才能予以确认：一是与该无形资产有关的经济利益很可能流入企业；二是该无形资产的成本能够可靠地计量。

结合无形资产的定义，数据资产如果要归入无形资产，则同样要满足无形资产确认的相关条件。一是需要数据资产能够从企业中划分出来，并且可以和其他资产区分开。大部分数据能够从企业中划分出来应用于外部商业化，形成数据产品从而产生价值。但是很多数据的产生来源于企业的日常经营，如客户消费数据，企业收集分析后用于更好地为客户服务，逐渐形成良好的"客户关系"，这种情况下，"客户数据"的价值与"客户关系"的价值息息相关，数据资产难以与客户关系区分开来。二是源自合同性权利或其他法定权利，这条标准为无形资产定义中的判断"可辨认性"的标准之一。界定无形资产的权利来源，如一方通过与另一方签订特许权合同而获得的特许使用权，通过法律程序申请获得的商标权、专利权等。对于合同性权利，数据资产由于具有通用性、无限共享等特性，需视合同具体约定而确定权利范围。

从现行会计准则来看，数据资产并不一定能够完全符合无形资产的定义，但不可否认的是，数据资产和无形资产具有高度的相容性。一是数据资产符合无形资产"没有实物形态"的标准，数据没有实物形态，这是毋庸置疑的。二是数据资产符合无形资产"可辨认"的标准。"可辨认"包含两层含义,一方面,需要能够从企业中分离或者划分出来,并能单独或者与相关合同、资产或负债一起,用于出售、转移、授予许可、租赁或者交换。目前,数据资产存在交易流通、授权运营等市场行为,能够实现从企业中分离或者划分出来。另一方面,源自合同性权利或其他法定权利,无论这些权利是否可以从企业或其他权利和义务中转移或者分离。数据流通即使用决定了数据的流通本质是允许他人使用数据,数据可以有偿流通交易。数据的财产性权益已经在国家相关政策文件里予以承认和保护,上海市、深圳市等地方也通过立法明确了数据的财产性权益。数据产权具备通过合同进行清晰界定的条件,未来还可能通过国家层面立法形成明确的数据产权框架。综合来看,数据资产符合无形资产"无实物形态"和"可辨认特征",笔者认为在数据资产入表的起步初阶,可视其为无形资产的一种新类别。

三、数据资产的概念

基于对"数据"、"资产"以及"无形资产"的概念与特征的符合性分析,可以初步认为数据资源能够满足"资产"与"无形资产"的定义。下面我们再进一步探讨数据资产定义与范围的发展脉络。

"数据资产"一词最早于1974年由美国学者理查德·彼得森(Richard Peterson)提出[1],他认为数据资产包括持有的政府债券、公司债券和实物债券等资产。维克托·迈尔—舍恩伯格在《大数据时代:生活·工作与思维的大变革》一书中则提出[2],数据资产列入资产负债表不是能否的问题,只是早晚的问题。国内现有研究主要从企业视角对数据资产的概念界定进行探索,提炼了数据资本化的核心要素,例如,特定主体拥有或控制、能够为其

---

[1] Richard Peterson, "A Cross Section Study of the Demand for Money: The United States, 1960—1962", *The Journal of Finance* (*New York*), Vol.29, 1974, pp.73-88.

[2] [英]维克托·迈尔—舍恩伯格:《大数据时代:生活、工作与思维的大变革》,周涛译,浙江人民出版社2012年版,第19—25页。

所有者带来经济利益、价值可计量等。中国信息通信研究院发布的《数据资产管理实践白皮书(5.0)》(2021)对数据资产定义,即数据资产是企业拥有和控制的,能够为企业带来未来经济利益的,以物理或电子方式记录的数据资源。北京国家会计学院院长秦荣生教授基于 IASB 提出关于企业数据资产的定义[1],认为数据资产是企业由于过去事项而控制的现时数据资源,并且有潜力为企业产生经济利益。总体来说,当前关于数据资产的概念界定尚未形成共识,但对于数据资产的定义原则均是基于会计准则资产概念的延伸,相关会计核算方法还在探索讨论阶段。

　　综合"数据"、"资产"与"无形资产"的概念与特征,以及部分国际组织、学者文献的探索、研究与实践,不难发现,数据资产的概念与资产、无形资产存在着联系与转换,如图 8-1 所示。基于已有研究和现行会计准则中"资产"与"无形资产"的定义,笔者认为数据资产是由组织拥有或者控制的、预期能够在一定时期内为组织带来未来经济利益的、以物理或电子方式记录的数据资源。对于符合以上标准的数据资源应视作数据资产,并纳入会计核算范围。

图 8-1　资产、无形资产与数据资产

资料来源:笔者自绘。

四、数据资产的基本特征

　　中国资产评估协会先后发布《资产评估专家指引第 9 号——数据资产

---

① 秦荣生:《企业数据资产的确认、计量与报告研究》,《会计与经济研究》2020 年第 6 期。

评估》和《数据资产评估指导意见(征求意见稿)》,对数据资产的基本特征和分类等作出界定,认为数据资产的基本特征通常包括非实体性、依托性、多样性、可加工性、价值易变性等。

一是非实体性。数据资产无实物形态,虽然需要依托实物载体,但决定数据资产价值的是数据本身。数据的非实体性导致了数据的低消耗性,即数据本身不会因为使用频率的增加而磨损、消耗,消耗主要体现在相关的存储、计算上,故数据资产于存续期间理论上可无限使用,这一点与其他传统无形资产相似。但需要指出的是,在实际操作中,数据使用是有成本的,在不考虑数据资产使用成本的情况下,数据资产可以无限使用;但如果考虑其存储、传输、开发、利用等方面发生的经济成本和合规(如权属转让过程中的合规审计等)成本,其很难完全做到"无限使用"的效果。

二是依托性。数据必须存储在一定的介质里,介质种类多种多样,比如纸、磁盘、磁带、光盘、硬盘等,甚至可以是化学介质或者生物介质。同一数据可以以不同形式同时存在于多种介质。

三是多样性。数据的表现形式多种多样,可以是数字、表格、图像、声音、视频、文字、光电信号、化学反应,甚至是生物信息等。数据的多样性还表现在数据与数据处理技术的融合,形成融合形态数据资产。例如,数据库技术与数据,数字媒体与数字制作特技等融合产生的数据资产。多样的信息可以通过不同的方法进行互相转换,从而满足不同数据消费者的需求。不同数据类型拥有不同的处理方式,同一数据资产也可以有多种使用方式。

四是可加工性。数据可以被维护、更新、补充,增加数据量,也可以被删除、合并、归集、消除冗余,还可以被分析、提炼、挖掘,加工得到更深层次的数据资源。

五是价值易变性。数据资产的价值受多种不同因素影响,这些因素随时间的推移不断变化,某些数据当前看来可能没有价值,但随着技术进步、需求变化可能会产生较大的价值。凡事都有两面性，随着技术升级（比如数据库的发展），也可能会导致数据资产出现无形损耗，表现为价值降低。

五、数据资产的分类

通常情况下，数据可以从技术、业务、安全三个维度进行分类，具体分类如表 8-1 所示。此外，从数据资产的来源、持有目的、价值链等不同角度，数据资产还存在诸多不同的分类方法。从来源角度看，数据资产主要分为内部自有数据资产与外部获取数据资产。从持有目的角度看，数据资产主要分为使用性数据资产与交易性数据资产。从价值链角度看，通过对价值链各节点上的数据的采集、传输、存储、分析以及应用，实现数据的价值创造以及在传递过程中的价值增值，因此，数据资产可分为采集类数据资产、加工类数据资产、应用类数据资产。

表 8-1　数据资产分类

一级类型	二级类型
技术型维度	按产生频率可划分为：每年更新数据、每月更新数据、每周更新数据、每日更新数据、每小时更新数据、每分钟更新数据、每秒更新数据、无更新数据等
	按产生方式可划分为：人工采集数据、信息系统产生数据、感知设备产生数据、原始数据、二次加工数据等
	按结构化特征可划分为：结构化数据，如零售、财务、生物信息学、地理数据等；非结构化数据，如图像、视频、传感器数据、网页等；半结构化数据，如应用系统日志、电子邮件等
	按存储方式可划分为：关系数据库存储数据、键值数据库存储数据、列式数据库存储数据、图数据库存储数据、文档数据库存储数据等
	按稀疏程度可划分为：稠密数据和稀疏数据
	按处理时效性可划分为：实时处理数据、准实时处理数据和批量处理数据
	按交换方式可划分为：抽取加载转换方式、系统接口方式、文件传输方式、移动介质复制方式等

续表

一级类型	二级类型
业务应用维度	按产生来源可划分为：人为社交数据、电子商务平台交易数据、移动通信数据、物联网感知数据、系统运行日志数据等
	按业务归属可划分为：生产类业务数据、管理类业务数据、经营分析类业务数据等
	按流通类型可划分为：可直接交易数据、间接交易数据、不可交易数据等
	按行业领域可划分的类别见 GB/T 4754—2017
	按数据质量可划分为：高质量数据、普通质量数据、低质量数据等
数据安全隐私保护维度	按数据安全隐私保护维度可划分为：高敏感数据、低敏感数据、不敏感数据等

资料来源：笔者整理而成。

　　数据资产是一种新型资产，在价值链全流程各阶段以数据资源、数据产品等多种形态存在，目前相关研究提出了成本法、收益法、市场法等三种价值评估模型，但是依然无法覆盖资产测算的真实场景。其一是市场要件体系尚未健全。市场法通过参照市场上同类或类似数据资产的近期交易价格，评估目标数据资产的价值。目前数据交易标准、规则及法律等不完善，撮合、清结算等环节未建立，数据资产可供参考的价格有限，市场价格生成机制也无法有效反映市场供需关系变化。其二是潜在收益核算存在困难。收益法基于数据资产的未来预期应用场景，对数据资产预期产生的经济收益折现得出数据资产的合理价值。数据要素具有权属界定难、标准化程度低等特别属性，为企业带来的潜在未来收益流存在较大不确定性。其三是成本估值机制尚不成熟。成本法通过加总数据生产过程中的各项成本来测度数据资产价值。总体而言，相比于另两种测度方法，成本法相对客观且可行性较强。然而，数据资产直接成本、间接成本的分摊不易估计，贬值因素不易估算，因此成本法执行标准尚需优化。

第三节　数据要素的统计核算路径

统计学意义上的国民经济核算是以经济活动为对象的全面核算,从国民经济全局出发,编制经济核算表,全面核算社会再生产的活动和过程及成果,旨在反映国民经济活动的总体态势,是国家进行经济活动监测、宏观经济分析、编制计划和制定政策的基本依据。目前我国以 SNA2008 为框架进行国民经济核算并测算 GDP,鉴于 SNA2008 尚未对数据要素作出明确要求,因此我国国民经济核算中尚未充分考虑数据要素本身的价值,这就导致数据要素本身的价值在当前国民经济核算中不能充分完整体现,大量数据及其资产未被纳入核算范围,数据的价值及其对经济增长的贡献无法得到客观反映,国家的数据资产规模无法得到准确盘点。数据作为当前数字经济时代的关键性生产要素,其演变和发展将从根本上推动商业模式变革,重构经济社会环境。国民经济核算也应与时俱进,探索建立数据生产要素的统计核算制度,将数据要素纳入国民经济核算体系。

一、数据要素的国民经济核算现状

国民账户体系(System of National Accounts,以下简称 SNA)是国民经济核算的统计框架,其最主要输出项国内生产总值(Gross Domestic Product,以下简称 GDP)是辅助认识社会经济活动的一种框架工具。① 经济统计中的生产范围是不断发展变化的,随着对社会经济运行状态和规律认识的不断深入,联合国统计委员会也在不断完善、修订 SNA 框架,过程中形成了 SNA1953、SNA1968、SNA1993 和 SNA2008 四个版本,目前最新版本为《2008 年国民账户体系》。

---

① 金红:《我国国民经济核算体系基本框架》,《中国统计》2021 年第 1 期。

在当前 SNA2008 体系下,并未明确将数据要素列入核算范畴,数据要素仅在"知识产权产品—数据库"项目下有所体现。在数字经济时代,无形资产的重要性日趋凸显,为应对数字经济带来的挑战,SNA2008 中补充了"知识产权产品"的概念,具体包括研究和开发、矿藏勘探和评估、计算机软件和数据库以及娱乐、文学或艺术品原件四个项目(SNA2008,10.98 段)。从资产属性来看,数据具备部分知识产权产品特征,如无实体性、非消耗性、零成本复制性等特点。但不同于知识产权产品中的计算机软件和发明专利等,数据要素在生产活动中的价值体现方式更加复杂,因此数据要素生产活动应当单独识别,在知识产权产品科目下独立核算。

SNA2008 对于"数据库"的定义是"以某种允许高效访问和使用数据的方式组织起来的数据文件"。许宪春等[1]认为,在计量价值时,自用型数据库采用费用加总法进行估价,包括以适当格式准备数据的成本、数据库开发过程中所用的任何相关人力成本和资产资本服务,以及任何相关的中间投入成本,但不包括数据的获取或产生的费用;销售用数据库采用市场价格进行估价,市场价格包括数据库所包含信息的价值(SNA2008,10.113—10.114 段)。目前已有研究认识到产业数字化和数字产业化对 SNA2008 中关于数据库核算方法带来的挑战,但是鉴于 SNA 尚未修订完成,在新版数据要素统计核算方法公布前,仍建议遵循现有核算原则。[2]在 SNA2008 体系下,数据要素统计核算局限具体表现在统计范畴界定和价值计量方式上。由于在统计范畴界定上未涵盖"数据",数据支出未作为资本核算。SNA2008 仅对"数据库"的统计核算作出建议,然而数据要

---

① 许宪春、张钟文、胡亚茹:《数据资产统计与核算问题研究》,《管理世界》2022 年第 2 期。

② Ahmad N.,Van de Ven P.,"Recording and Measuring Data in the System of National Accounts",*Meeting of the OECD Informal Advisory Group on measuring GDP in a Digitalised Economy on 9 November*,2018.

素的范畴已经远超出 SNA2008 中所描述的"数据库"的范畴。对于数据库形式以外的数据要素如何进行统计核算，SNA2008 没有给出建议。因此在对 GDP 进行核算时，数据相关支出往往会计作"中间投入"费用化处理，而非计作"固定资本形成"进行资本化核算。在价值计量方式上，SNA2008 仅记录"销售用数据库"，未对自用型数据进行资本核算。SNA2008 建议只有在数据库发生市场交易时才记录数据价值。但实际中企业自身内部使用数据也可以起到降低成本、提高效率等作用而间接产生价值，所以对于可记录数据的边界也需要随着数据驱动模式的创新作出调整。

在数据要素统计核算实务层面，各国统计机构已经开展了广泛探索，并形成了运用不同方法对数据价值进行评估的实践经验。在成本法的运用方面，由于其相对容易计算，且有对其他无形资产使用成本总和法的先例，这种方法已被许多国家统计局试用。如加拿大统计局使用永续盘存法创建资产存量估计值，对数据、数据库和数据科学所投入的金额进行了统计核算；[1]美国经济分析局（BEA）使用成本总和法对数据投资进行估算，并采用无人监督机器学习算法来估计数据收集、存储和分析的劳动力成本；[2]英国国家统计局（ONS）采用成本总和的方法对固定资本形成总额（Gross Fixed Capital Formation，GFCF）的自有账户软件和数据库进行估值[3]。在收益法的运用方面，特许权使用费减免法（Relief from Royalty Method）是一种常见的基于收入的评估方法，德勤等咨询公司已有相关的实践案例。在市场法

① Statistics Canada, *The Value of Data in Canada：Experimental Estimates*, Statistics Canada, 2019.

② BEA, "A Labor Costs Approach Using Unsupervised Machine Learning", *OECD Publishing*, 2020.

③ McCrae A., Roberts D., *Impact of Blue Book 2019 Changes on Gross Fixed Capital Formation and Business Investment*, Office for National Statistics, 2019.

的运用方面,英国国家统计局基于市场分析法,采用联合分析技术开展了评估公共数据价值潜力的试点研究。① 科伊尔(Coyle)等通过研究 400 名经济学家对世界银行发展指标数据集的支付意愿,探索公共数据开放的潜在价值。②

二、构建数据要素统计核算方法体系

数据要素的统计核算,本质上是将数据要素视作能够为经济过程中的所有者或者实际控制者带来持续性收益的资产性要素,将数据要素的部分支出视作是固定资本的形成而非中间投入。由于数据要素与研发支出、计算机软件和数据库等现有统计项目存在一定范畴重合,因此数据要素统计核算与已纳入 GDP 核算的研发支出、计算机软件和数据库支出等存在一定交叉,需要仔细分清数据要素中的研发投入和非研发投入。在探索数据要素统计核算路径时,需明确数据要素概念和边界、数据要素经济价值形成过程、数据要素价值计量方式、数据要素统计指标框架等内容。

(一)明确数据要素统计核算边界

数据要素概念及范围的界定是开展数据要素统计核算的基础。数据指任何以电子或者其他方式对信息的记录,本身是一种客观存在的资源③,然而并非所有的数据都能够纳入数据要素统计核算当中,只有满足产生经济价值、参与到社会生产活动中等一系列条件的数据,才能够纳入统计核算的范围之中。

目前国内外对于数据核算边界的研究主要是从企业会计核算的视角,

---

① Williams S., *Valuing Official Statistics with Conjoint Analysis*, Office of National Statistics, 2021.

② Coyle D., Manley, "A Potential Social Value from Data: An Application of Discrete Choice Analysis", *SSRN*, 2021.

③ 中国信息通信研究院:《数据价值化与数据要素市场发展报告(2021)》,2021 年版。

对数据资产的概念开展研究。基于现有会计准则,提出数据资产在符合会计准则"资产"定义的条件下①,需同时具备可变现性、可控制性、可量化性三个特点,方可纳入企业会计核算范畴②③④⑤。从国民经济统计核算的视角,讨论数据纳入统计核算范围界定的较少。现有研究有观点认为,数据如果在未来的生产中能够被重复使用即可被视为生产资产。⑥ 加拿大统计局认为,持续使用一年以上是数据被视作资本形成的条件。⑦ 李静萍(2020)认为,数据具有明确的经济所有权属性和收益性,符合 SNA2008 中"资产"的定义,可认定为非生产资产。⑧ 许宪春等(2021)从统计核算视角,认为数据资产应该拥有应用场景,并且需要满足在生产过程中被反复或连续使用一年以上。⑨ 总体而言,从国民经济统计核算的视角,可纳入统计核算的数据范围划定尚未达成共识。

SNA2008 中对资产的定义是"资产是一种价值储备,代表经济所有者在一定时期内通过持有或使用某实体所产生的一次性或连续性经济利益,它是价值从一个核算期向另一个核算期结转的载体"(SNA2008,3.30 段)。SNA 体系中的资产均是指经济资产,如会计准则下的商誉、技能等会被认作是资产,SNA 认为基于所有权视角没有经济意义,不予认定为资产。相

---

① 中国资产评估协会:《资产评估专家指引第 9 号——数据资产评估》,2019 年版。
② 侯彦英:《数据资产会计确认与要素市场化配置》,《会计之友》2021 年第 17 期。
③ 普华永道:《数据资产化前瞻性研究报告》,2021 年版。
④ 吴坡:《数据资产的确认与计量研究》,《质量与市场》2021 年第 23 期。
⑤ 张俊瑞、危雁麟:《数据资产会计:概念解析与财务报表列报》,《财会月刊》2021 年第 23 期。
⑥ Rassier D.G.,Kornfeld R.J.,Strassner E.H.,*Treatment of Data in National Accounts*,BEA Advisory Committee,Burau of Economic Analysis,2019.
⑦ Statistics Canada,*Measuring Investment in Data*,*Databases and Data Science*:*Conceptual Framework*,Statistics Canada,2019.
⑧ 李静萍:《数据资产核算研究》,《统计研究》2020 年第 11 期。
⑨ 许宪春、张钟文、胡亚茹:《数据资产统计与核算问题研究》,《管理世界》2022 年第 2 期。

较于会计视角对于资产的定义,SNA2008 提出纳入资产应满足"在一定时期内"、"经济所有者"和"经济利益"这三个属性。

"具有一定使用期限",SNA2008 并未对期限范围给出明确界定,但是有明确提出"被反复或连续使用一年以上"是确认为"固定资产"的条件。"被反复或连续使用一年以上"是研究和开发、计算机软件和数据库等知识产权产品被划分为固定资产的重要判定标准,也是区分中间投入与资本形成的重要标准。

"经济所有者"指主体应是资产在经济意义上的所有者。这里的经济所有者是指由于承担了有关风险而有权享有该实体在经济活动期间内运作带来的经济利益的机构单位(SNA2008,3.26 段)。当经济所有者和法定所有者不同时,应理解为经济所有者。所谓数据的经济所有权,也可理解为数据使用权、经营权,是指对数据的存储、处置、变更、销毁、应用和收益的权限和能力。在 SNA 体系中,数据生产要素只关注主体是否具有"经济所有权"而非"法定所有权",即在判断企业是否拥有数据时,需界定企业是否对数据拥有经济意义上的控制权或经营权,而无需界定数据所有权的归属。

"经济利益"指数据应该为经济所有者带来经济收益。对于数据的使用方式,具体可分为两种途径。① 一种是主体自用,即"业务的数据化",主要是指企业将组织、生产、运营过程中产生的数据进行收集整理分析,用于服务自身经营决策、业务流程,从而提升自身的盈利能力。另一种是对外提供,即"数据的业务化",主要是指对于数据进行搜集、整理、分析形成可对外提供的服务或产品。数据在内部使用时,则应证明其对企业降低成本、增加收益、减少损失等方面带来的价值。数据在对外提供产品或服务时,则应

---

① 中国信息通信研究院:《数据资产化:数据资产确认与会计计量研究报告》,2020年版。

证明其具备市场需求以及交易价值。具备经济价值的数据才能纳入国民经济的核算,对于没有经济利用价值或者在现有技术和知识条件下,未能确定其未来是否具有经济获利能力的数据,不应计入统计核算范畴。

基于以上研究,笔者认为同时满足具有一定使用期限、主体拥有经济所有权、数据具备收益性这三个条件的数据,方可作为数据生产要素纳入资产核算范畴。在此基础上提出统计核算视角下数据生产要素的定义,即数据要素是指能够被用于生产经营、生活服务和公共管理等活动,可为数据实际控制者直接或者间接带来经济社会价值的以数字化方式记录的信息。

(二)明确数据要素统计指标框架

鉴于目前我国数据要素的市场交易量较为有限,市场价格信号不够明晰充分,以及数据要素的潜在收益存在极大不确定性,故市场法和收益法短期内难以普遍地应用于数据要素价值评估。参考 SNA2008 体系下现行研发投入、计算机软件和数据库纳入 GDP 的思路和方法,短期内较为可行的方式是采用成本替代法(费用加总法),即通过数据控制者对数据要素的各项投入来对数据要素本身价值进行测算,依永续盘存法利用历年数据要素的投入测算当年数据要素存量价值。待全国统一数据大市场体系基本完善,场内交易的规模和频次达到一定水平之后再逐步完善使用市场法和收益法。

数据要素作为一种资产性要素,在数据支出资本化核算时应该基于我国现行 GDP 的核算框架。目前我国 GDP 核算框架已经将研发投入、计算机软件和数据库等知识产权产品纳入核算范围之中。基于 SNA2008 框架,数据要素具备知识产权产品的部分特征[1],在数据价值链上的数据生产活动中,存在与研发投入、计算机软件和数据库相重合的部分,在对数据要素

---

[1]　OECD, *Handbook on Deriving Capital Measures of Intellectual Property Products*, Organisation for Economic Cooperation and Development(OECD),2000.

进行统计核算时须充分考虑重复计算问题,剔除已纳入 GDP 核算范畴的部分,只补充符合条件的新增投入价值。

数据来源	数据生成	数据收集	数据分析	数据应用
外部采购数据		购买费用 相关税费 人员成本 其他支出	开发支出 人员成本 设备折旧 运维支出	相关税费 其他支出
内部产生数据	设备费用 调查费用 服务费用 其他支出	设备成本 人员成本 存储成本 系统成本	核验成本 人员成本 运维支出 设备费用	相关税费 其他支出

图 8-2　数据价值链各环节数据要素支出统计指标示意

资料来源:笔者自绘。

具体而言,笔者基于数据价值链的数据生成、数据收集、数据分析和数据应用四个环节,同时区别内部产生的数据和外部采购的数据在数据要素支出上的差异,提出基于不同来源的数据要素价值链各环节支出统计指标框架(见图 8-2)。内部产生数据的支出,包括了人工费用、直接投入费用、折旧费用和长期待摊费用、无形资产的摊销费用以及其他费用。外部采购数据的支出包括对外委托数据业务支出和外购数据支出,对外委托数据业务支出包括数据托管费用、委托数据分析或开发费用、委托数据采集等其他业务,外购数据支出包括购买数据库使用权费用、一次性购买数据费用、数据查询费用等。

三、建立数据要素统计核算制度体系

目前,相关国际组织已经意识到 SNA2008 在数据及其资产核算方面的不足。2020 年 3 月,第 51 次联合国统计委员会会议通过了对 2008 年 SNA 进行全面修订的决议,预计将于 2025 年形成新一版的 SNA2025,并且提到基于社会经济环境的发展变化、政策与分析需求的演进、方法论研究领域的深化和用户需求的变化,为做好数字经济规模和结构测算,将"数据如何纳入国民账户体系"列入 SNA 研究议程,具体包括数据和数据资产的概念、数据的特征及权属界定、数据资本范围、类型、定价方法等统计与核算问题。

下一步,我国可重点在以下三方面加强制度探索。一是优化现有统计核算框架。适时优化 GDP 统计核算框架,明确数据要素统计核算相关概念、分类范畴和统计口径等主要内容,为数据要素支出纳入国民经济核算体系提供可行路径。我国在 2015 年将知识产权产品的研发投入等纳入 GDP 核算范畴;美国在 2013 年重新修订 GDP 数据,把研究与开发支出以及娱乐、文学和艺术品原件支出等作为固定资本形成计入 GDP,这使得 2012 年美国 GDP 比原先统计的增加 5598 亿美元,增长了 3.6%。二是开展统计核算试点。由于当前对数据生产要素的概念界定、报酬分配、价格确定以及统计方式等基本问题尚未形成定论,对数据生产要素的统计与核算工作也难以开展。基于我国国民经济统计核算"分级核算、下管一级"的模式,建议有能力的地方政府率先开展数据要素统计核算试点研究,并将试点逐步推广到市、省、国家。鼓励支持建立容错机制,加强对于相关模式的探索与创新,在试点中总结经验,逐步完善国民经济统计核算领域政策体系,推进数据要素统计核算相关准则的制定工作。三是积极参与推进 SNA2025 修订。数据要素统计核算需要上位规则的指导,当前 SNA2008 中对于数据要素的内容缺位,亟须对现有统计核算体系进行改革,有关部门应积极参与 SNA2025 的修订工作,基于地方试点研究和探索为推动数据要素纳入国民经济统计核算提供中国经验。

第四节　数据要素的会计核算路径

统计核算体系主要关注数据要素宏观经济层面的计量,数据要素的会计核算体系则更加关注微观层面企业数据的资产确认、价值测算、入表登记和合规披露等实操性问题。在当前数据日益成为企业核心资产的背景下，将数据资产纳入会计核算体系，加快推动相关法规政策完善和会计准则调整，将有助于数据要素交易流通，是做大做强数据要素市场的关键举措。

一、国内外数据资产会计核算现状

近年来，国际会计学界开始广泛探索数据的价值测量与评估方法，积极论证如何将数据作为有价值资产添加到资产负债表上（即数据资产入表）等数据资产化议题。2016 年，美国财务会计准则委员会（FASB）召集了一组研究人员，研究更新其会计规则，以期将数据记录为资产。① 2017 年，全球知名数据管理公司华睿泰科技（Veritas）执行副总裁迈克·帕尔默（Mike Palmer）接受《福布斯》杂志采访时提出，"数据将很快成为任何公司财务资产负债表中功能性的一部分"，并坚称数据是资产负债表上的"可定义资产"②。2020 年，国际货币基金组织（IMF）呼吁通过建立授权同意机制、程序认证机制、透明估值机制、数据跨境流动和数字支付机制来促进数据交易，从来为个人创造持续的收入来源，而且还允许持有大量数据的公司使用透明的按市值计价机制，将数据作为一项资产引入资产负债表，使所有利益相关者获益。③ 从总体上看，目前国内外研究者普遍在现行会计准则和财务报告框架之下，探讨数据资产会计核算的理论方法和实务经验。

随着数字经济不断发展，我国对数据资产会计核算的研究和实践不断涌现，在这一领域处在与欧美并跑的水平。目前，对数据资产会计核算的研究主要体现在资产确认、科目设置、会计处理、信息披露等四个方面。

---

① Vipal Monga，"Accounting's 21st Century Challenge：How to Value Intangible Assets"，*The Wall Street Journal*，2016.

② Adrian Bridgwater，"Veritas Insists Data Is A'Definable Asset'On The Balance Sheet"，*Forbes*，2017.

③ Murat Sonmez，*Shaping a Data Economy*，International Monetary Fund，2020.

在资产确认方面,存在"有形资产"和"无形资产"两种判定。"有形资产论"者认为,数据资产具有物理属性、存在属性和信息属性。其中,物理属性和存在属性共同构成了数据资产的物理存在,应该确认为有形资产;[1]对于从事数据资产开发和销售的企业而言,数据资产只在一个经营周期内发挥作用,其价值在经营周期结束后消失,其存在性质类似于企业的存货。因此,直接用于对外销售的数据资产应当记入存货科目,作为流动资产列示。[2]"无形资产论"者认为,根据我国《企业会计准则第 6 号——无形资产》的定义,无形资产是指企业拥有或者控制的没有实物形态的可辨认非货币性资产[3]。数据资产具有可辨认性、非货币性、数据化形态等特征,是广义"无形资产"下的一个新资产类型,属于无形资产范畴。[4]

在科目设置方面,存在设置一级科目和设置二级科目两种观点。一种观点认为,数据资产应作为二级科目进行核算。刘玉认为应该在"无形资产"科目下增设"大数据资产"来核算数据资产。[5] 游静等认为应扩充目前的无形资产会计核算体系以适应数据资产二级科目的核算。另一种观点认为,数据资产应作为一级科目进行核算。李雅雄等认为数据资产不能归类于资产负债表的诸多资产项目,应单独确认为一项资产,以突出数据资产作为新型资产确认的特点,提高企业对数据资产的重视度,更好地发挥其价值。[6] 张俊瑞等认为应单独设置"数据资产"一级科目进行会计处

---

[1]　朱扬勇、叶雅珍:《从数据的属性看数据资产》,《大数据》2018 年第 6 期。

[2]　尹会茹:《数字经济发展趋势下企业大数据资产的会计处理问题研究》,西安理工大学硕士学位论文,2021 年。

[3]　《中华人民共和国现行会计法律法规汇编(2021 年版)》编委会:《中华人民共和国现行会计法律法规汇编》,立信会计出版社 2021 年版。

[4]　唐莉、李省思:《关于数据资产会计核算的研究》,《中国注册会计师》2017 年第 2 期。

[5]　刘玉:《浅论大数据资产的确认与计量》,《商业会计》2014 年第 18 期。

[6]　李雅雄、倪杉:《数据资产的会计确认与计量研究》,《湖南财政经济学院学报》2017 年第 4 期。

理和信息列报,以有效传递企业数据资产相关信息,提高列报信息的可读性。[①]

在会计处理方面,存在初始计量、后续计量和资产处理三方面内容。杨林根据数据获取方式的不同,对内部运营形成的数据、外部购买的专业数据、软件抓取的公开数据提出了不同的会计处理方式。[②] 李秉祥等提出,对大数据资产按照时间序列进行计量,初始计量要区分企业外部购买、自行开发和经营过程中形成等不同类别,后续计量依据大数据资产的用途分为销售用和自用。[③] 谢宇系统地分析了取得成本、公允价值、未来经济流入现值三种初始计量方法的优缺点,并对数据资产的后续计量中的摊销、减值以及处置进行了说明。[④]

在信息披露方面,存在表外披露、表内披露、混合披露三种方式。就表外披露而言,德勤提出以用户为核心,基于非财务数据,提出“第四张报表”,建立涵盖用户、产品和渠道三个维度的企业数据价值分析报表体系。在此基础上,田五星等人探索性地构建出企业“关键价值指标变动表”,用来衡量和体现业务数据的价值[⑤]。就表内披露而言,李泽红等认为符合定义的大数据应该作为企业的一项资产列示在财务报表中,而且应当在附注中披露与大数据资产相关的信息。[⑥] 就混合披露而言,张俊瑞等认为企业

---

① 张俊瑞、危雁麟:《数据资产会计:概念解析与财务报表列报》,《财会月刊》2021年第23期。

② 杨林:《数据资产化的会计核算研究》,《中国统计》2021年第7期。

③ 李秉祥、任晗晓、尹会茹、管琳:《数字经济背景下大数据资产的确认、计量与列报披露》,《财会通讯》2022年第11期。

④ 谢宇:《大数据发展环境下数据要素的会计确认和计量》,《绿色财会》2021年第6期。

⑤ 田五星、戴双双:《论互联网经济环境下的企业“第四张报表”》,《会计之友》2018年第13期。

⑥ 李泽红、檀晓云:《大数据资产会计确认、计量与报告》,《财会通讯》2018年第10期。

可通过在资产负债表中增设"数据资产"科目和通过"第四张报表"完善信息供给兼顾的列报方式披露数据资产,同时还应通过表外文本信息做好补充说明。[①]

综合分析,目前对数据资产会计核算的研究尚处于起步阶段。无论是从我国数字经济发展的现实需求来看,还是从推动国际会计准则创新的长远趋势来看,我们都应加快数据资产会计核算的深入研究和广泛实践,推动建立数据资产入表制度,努力将我国数据规模优势转化为数据价值优势。

二、建立数据资产会计核算总体框架

我国应当围绕数据资产会计核算的整个过程,重点从"数据资产确认—数据资产评估—数据资产计量—数据资产披露"四个环节,提出数据资产会计核算的制度安排和技术路径,并结合我国实际,从制度层、技术层和应用层三个着力点出发,探索完善相应实施路径。为此笔者研究提出了数据资产会计核算的总体框架(见图8-3),下面对这一框架进行初步概述。

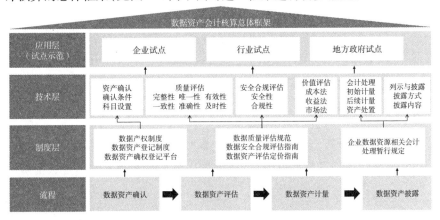

图 8-3　数据资产会计核算总体框架

资料来源:笔者自绘。

---

①　张俊瑞、危雁麟:《数据资产会计:概念解析与财务报表列报》,《财会月刊》2021年第23期。

（一）制度层：推动数据资产会计核算制度建构

围绕数据资产会计核算的各个环节，坚持合理性、规范性、导向性原则，推动数据资产会计核算制度建构，搭建符合我国实际的数据资产会计核算制度体系。

在数据资产确认环节，应加快建立数据产权制度和数据资产登记管理制度，确保数据资产来源和权属明晰。相关内容前文已有论述，此处不再赘述。

在数据资产评估环节，应完善数据资产评估体系，确保数据安全合规，数据质量和价值明确。一是数据安全合规评估，把好数据资产"安全关"。在数据安全性评估方面，明确提出数据安全管理和隐私保护要求，按照"不安全不核算"的原则开展安全评估，严守数据安全底线；在数据合规性评估方面，按照国家相关法律法规要求，开展数据资产核算全过程审查和审计，保障数据资产的合规性。二是数据质量评估，把好数据资产"质量关"。通过在数据项的定义、口径、格式、单位等方面制定标准化的数据规范，建立统一的数据标准，提升数据资产质量和可用性。三是数据资产价值评估，把好数据资产"价值关"。综合运用成本法、收益法、市场法评估数据资产的货币价值以及其对企业整体价值的贡献度，并在三种方法基础上，兼顾严谨性和实用性，推动价值评估方法延展创新，以更符合数据要素特征，更适应数据经济发展需要。

在数据资产计量和披露环节，目前财政部正在推动研究出台数据资产会计处理暂行规定，从会计角度为数据资产入表提供参考依据。我国数据资产会计核算研究处于探索阶段，现有的会计核算体系无法准确反映数据资产的真实价值。目前存在三种在会计报表里列示数据资产的可能方案，但也存在一定的可行性问题。其一是将数据资产计入现有无形资产，该方案主张在无形资产会计科目下设立固定"数据资产"二级明细科目。然而，也有专家认为数据资产不完全符合"无形资产"的相关属性,直接参照无形资产的会计处理方法不能充分体现数据资产的价值,因此也可考虑将其纳入存贷等方式。其二是增设"数据资产"项目类别,该方案主张在上市公司年度财务报告中新设数据资产栏目,披露数据资产信息,从而反映数据资产在公司的价值。目前数据资产的资本化核算存在一定难点,增设专项数据资产的条件尚不成熟。其三是推出"第四张报表",该方案主张编制一张关注于业务数据的"数字资产表",并在财务报告的适当章节披露更多细节,用以反映企业数据资产的价值潜力。从财政部目前公开征求意见的材料来看,目前阶段采取了调和第一种方式中两类观点的做法,即内部使用数据归入无形资产,用于出售的数据归入存贷。但从长远来看,笔者认为还应研究完善第二种方式,以便更好指导数据入表实践。

笔者认为,后续应当创新思路和方法,加速出台数据资产会计政策,制定并完善数据资产会计核算准则。在国际通行的会计准则尚未将数据作为资产纳入核算体系的情况下,目前财政部参考碳排放权会计核算试行的《碳排放权交易有关会计处理暂行规定》[①],探索推动研究出台《企业数据资源相关会计处理暂行规定》,通过规定排除一些无关全局的争议,用求同存异的方式尽快让这项工作入轨,并推进应用试点,此举不仅对推动我国数据资产会计核算和规范管理具有现实意义,而且对国际相关会计准则的修订和完善也具有指导和借鉴意义。建议进一步明确数据资产的科目设置、计量方法、账务处理等原则性、规范性的核心内容,为数据资产会计核算提供具有参考价值、具备可操作性的依据。

(二)技术层:完善数据资产会计核算技术路径

坚持规范性、专业性、适应性等原则,从会计核算的角度完善数据资产

---

① 《关于印发〈碳排放权交易有关会计处理暂行规定〉的通知》,财政部官网,2019年12月25日。

确认、数据资产评估、数据资产计量、数据资产披露的技术路径,探索与经济社会发展相适应的会计核算方法。

在数据资产确认环节,明确数据资产的确认条件和科目设置,让数据资产找到"归属"。在数据资产确认方面,依据数据获取方式的不同,可将数据资产分为"外部获取的数据资产"与"内部产生的数据资产"。对于外部获取的数据资产,如果涉及所有权或者控制权转移,即可以进行资产确认;如果不涉及所有权或者控制权转移,但可通过经营权(如代理、分销、转售)获得收益时,也可将其计入资产;如果仅获得数据使用权,且企业无法通过外部交易等方式获取未来收益,则将其计入成本或费用栏目。对于内部产生的数据资产,如果是主动研发的数据资产,可参照无形资产会计处理方法进行资产确认;如果是业务产生的数据资产,需要在不同的阶段进行不同的会计处理,在数据获取、确认、预处理等阶段进行费用化处理,在数据分析、挖掘、应用等阶段,符合条件的则进行资本化处理。在数据资产科目设置方面,应逐步从目前无形资产和存贷并列的方式过渡到单独设置"数据资产"一级科目进行会计处理和信息列报,以突出和充分体现数据资产的重要价值。

在数据资产评估环节,对数据资产安全合规、质量和价值进行科学合理的评估。第一,建立数据资产安全合规评估模型。具体以数据安全合规政策为中心,建立政策风险评估、数据安全风险评估、合规认证风险评估、数据管理风险评估四个模块,循环改进、持续提升企业数据资产安全合规能力。第二,完善数据资产质量标准体系,具体可参见第五章第四节相关论述。第三,优化数据资产价值评估方法。结合企业发展实际和场景需求,综合采用成本法、收益法、市场法及其衍生方法,通过可量化的手段,尽可能合理准确评估数据资产的真实价值。

在数据资产计量环节,明确数据资产初始计量、后续计量和处置的方式方法,推动数据资产"名正言顺"入表。现行会计准则通常采用历史成本法、公允价值法、现金流折现法、重置成本法和可变现净值法进行会计计量。在初始计量过程中,可采用历史成本法计量,即对数据采集、挖掘、分析、传输、维护、转让过程中各种软件、硬件和劳动力进行成本计量。在后续计量过程中,根据数据资产的不同用途采用不同的计量方法。对于自用性数据资产采用历史成本法计量,重点包括数据资产使用年限的确定、摊销及减值等内容。对于交易性数据资产采用公允价值计量,即按照市场交易价格进行计量,期末进行减值测试,考虑公允价值变动损益。在数据资产处置过程中,当企业数据资产持有目的发生变化,欲将其出租、出售或数据资产本身发生损毁、报废等情况时,需对数据资产进行适当处置。

在数据资产披露环节,需明确数据资产披露的方式和内容。在披露方式方面,对于可以确认的数据资产,在资产负债表和财务报告附注中的适当位置进行表内披露;对于不符合资产确认条件的数据资源,通过管理报告、咨询报告、第三方评估报告等形式,进行表外披露。从发展需要来看,采用"表内+表外"相结合的方式对数据资产进行披露将成为趋势。在披露内容方面,可重点披露企业数据资产管理情况,包括安全合规、隐私保护等;数据资产规模情况,包括货币价值、测算方法、经济利益实现方式等;技术人才支持情况,包括平台系统、数字技术、数据人才的技能和素养等。

（三）应用层:开展数据资产会计核算试点示范

引导和推动企业、行业、地方先行先试,分阶段、有步骤、点线面结合开展数据资产会计核算的制度试点和项目试点,总结成熟模式,提炼经验做法,在数据资产会计核算的制度建构和技术路径上形成具有特色鲜明、创新驱动的"中国方案"。

一是积极开展企业试点,找到"突破点"。探索促进企业成为数据资产会计核算主体的有效模式和措施,加大对企业数据资产会计核算的引导和支持。鼓励金融机构、互联网平台企业等数字化程度较高、数据资产规模较大的企业找到突破口,率先开展数据资产会计核算,通过试点形成规范合理、明确高效的企业数据资产会计核算典型模式。

二是有力推动行业试点,把握"创新线"。建立完善统筹协调推进和运行机制,创新推动互联网、金融、通信、能源电力、智能交通、生物制药等数据规模大、应用场景丰富、数据要素发挥作用明显的行业开展示范工作,通过推进典型行业的数据资产会计核算,形成更多示范效应,进一步激活数据要素价值。

三是合理推进地区试点,拓宽"覆盖面"。鼓励深圳市、上海市等数字经济领先、具备相应条件的地区实施试点,扩宽试点范围,创新试点方法,积累地区数据资产会计核算特色经验和模式。坚持开放合作,发挥自由贸易港、自贸试验区等高水平开放平台的作用,推动我国数据资产会计核算相关实践成果跨境应用。

第九章

数据要素的分配体系

数据要素参与分配的本质在于数据从潜在的生产力转为现实的生产力,必须将数据物化在劳动者、劳动资料以及劳动对象等生产力的基本要素上,即数据必须在生产过程中渗透在生产力数字化运行的全过程中才能转化为实际的生产能力。总体而言,现有研究往往将数据要素及其分配问题等同于数据产品及其交易,与我国薪资分配、效益分配和股权分配并存的要素分配实际①有较大差距。考虑到当前我国数据要素市场收益分配机制尚不健全,应当聚焦数据要素特点,从优化数据要素市场一、二、三次分配的实现路径出发,逐步构建完善数据要素由市场评价贡献、按贡献决定报酬相关机制。基于此,本报告提出构建完善数据要素分配制度体系,如图 9-1 所示。

---

① 陈方丽、胡祖光:《技术要素参与收益分配研究综述》,《科技进步与对策》2005 年第7 期。

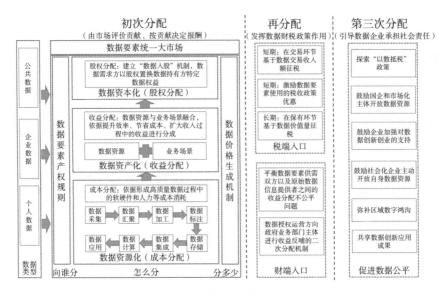

图 9-1　数据要素参与分配的实现路径

第一节　中国特色社会主义制度下的数据要素
三次收入分配

经济学中一般认为,要素分配可以划分为初次分配、二次分配和三次分配。从数据要素参与经济活动的价值生成路径来看,数据要素参与分配具有复杂含义。一方面,数据要素与其他要素共同参与生产、交换和分配等市场经济活动;另一方面,数据要素价值化的过程本身融合应用劳动、技术、知识、资本等多种要素。因此,数据要素参与收入分配可以理解为两个维度的含义:一是数据要素与劳动、资本、土地、技术等多种要素共同作为生产经营活动的生产要素,按照各类要素对经济收益的贡献度决定收入分配配比[1],即实现各类要素间的分配;二是实际参与生产经济活动的政府、企业和个人

---

① 　国家发展改革委宏观经济研究院课题组、刘翔峰:《健全要素由市场评价贡献、按贡献决定报酬机制研究》,《宏观经济研究》2021 年第 9 期。

等数据要素投入主体,依据掌握并投入生产的各类要素组合及要素的边际贡献获得初次分配收入,即数据要素对应的各类主体间形成公平高效的收益分配。

结合党的十九届四中全会提出"价格市场决定、流动自主有序、配置高效公平"的要素市场制度建设目标,应当在初次分配中确保"流动自主有序",重点回答如何发挥市场基础性作用,完善"无形之手";在二次分配和三次分配中确保"配置高效公平",重点回答如何保障各方收益公平,规范"有形之手"。二次分配方面突出数据财税政策作用,应当研究形成中国特色新型数据财税制度。三次分配方面引导数据型企业承担社会责任,应当采取相关手段鼓励数据型企业更多承担社会责任。

一、数据要素的初次分配

广义而言,数据要素包括数据资源、数据技术和数据劳动者三部分,后两者分别与技术和劳动要素具有通约性,应当纳入相应要素分配范畴,因此,在探讨数据要素分配问题时,应当明确其主要是针对数据资源或其所承载的数据权益本身的分配。数据要素初次分配的主要形态是数据流通交易。目前,数据要素初次分配问题较为合理的解决方案是基于数据要素的价格形成机制,参考技术等要素分配模式,将数据要素的初次分配方式大致划分为资源化—成本分配、资产化—收益分配和资本化—股权分配三种模式,后文将再继续做详细论述。

二、数据要素的二次分配和三次分配

如前所述,人类社会发展至今,土地、技术、资本等传统生产要素大多具备鲜明的独占性特征,从而在分配过程中容易出现要素集中于极少数人的不平等现象。与之相比,数据要素天然具有非排他性、非竞争性特征,通过科学合理的分配制度安排,完全可以有效兼顾效率和公平。因此,相比其他要素,在初次分配强调效率的基础上,数据要素领域应当更加强调借助二次分配和三次分配保障公平。

目前,针对数据要素的二次、三次分配问题的研究总体上还比较少,近年来随着平台算法和数据垄断等问题被广泛关注,一些研究开始关注数据要素分配中二次、三次分配的必要性问题,其必要性主要体现在以下两个方面。

一方面,个人作为数据的重要来源方、提供者,缺乏直接参与由数据产生经济收入分配的途径,用户数据在互联网平台的集聚积累加剧了收入分配的不平等。[1] 当前个人参与用户数据经济收入分配仅有以获取隐私保护作为利益补偿和获得个人数据侵权赔偿两种方式,但我国个人信息与用户隐私侵权案件频发,且赔偿力度远低于用户的隐私补偿预期。中国裁判文书网数据显示,2021 年全年以侵犯公民个人信息为案由的刑事案件达 938起,以隐私权纠纷为案由的民事案件 177 起。据统计,我国个人数据侵权案件中平均每条个人数据的赔偿价格远低于用户牺牲其隐私而愿意出售个人数据的平均价格。[2] 此外,积累一定程度的用户数据能精准反映偏好、消费、行动轨迹等潜在信息,个人用户在面对拥有庞大用户规模和海量数据资源的平台时,其行为信息往往自觉或不自觉地被平台用于用户画像和精准营销等方面,往往导致其合法权益被平台以"强制的自愿许可"的方式侵占。[3]

另一方面,参与数据要素生产的劳动者收入分配不充分,即共同参与数

---

[1] 宋宇、嵇正龙:《论新经济中数据的资本化及其影响》,《陕西师范大学学报(哲学社会科学版)》2020 年第 4 期。

[2] 赵晖:《大数据要素参与收益分配的依据与方式研究》,《创意城市学刊》2020 年第4 期。

[3] 黄再胜:《数据的资本化与当代资本主义价值运动新特点》,《马克思主义研究》2020年第 6 期。

据要素生产的劳动和知识要素被资本要素严重挤压,其原因在于初次分配中的劳动力价格歧视①与数据技术创新性低估。参与数据收集、数据标注、标准化处理、数据挖掘等生产活动的个人所提供的劳动作为数据资源化过程核心生产要素之一,存在尚未参与分配或分配不足的情况。以平台经济为例,平台依靠业务员收集的数据提升业务效率,而多数劳动者以零工身份受雇,基本社会福利保障尚不到位。而技术人员通过整理、分析和挖掘数据进一步提升数据价值,是融合了劳动、技术、知识等多种要素的数字技术创新,但当前工资性劳务收入为数字人才获得分配的主要方式,缺乏持股分红等长效激励机制,也就无法形成较为科学合理的数据要素分配框架。

第二节　初次分配:依托数据要素价值
生成链的制度进路

　　基于上述分析,本书构建了基于数据要素资源化、资产化和资本化三个环节的数据分配制度框架。② 从数据要素的生产侧看,狭义的数据要素价值实现过程可以视为数据要素资源化,具体而言包含数据的提供、收集和储存、清洗、标注、标准化、分析和挖掘等环节。广义的数据要素价值还体现在数据要素资产化和资本化等环节,其更多体现在需求侧的应用场景之中。数据要素价值生成各环节的表现形式和参与主体各不相同,应兼顾多方主体的分配利益。

一、数据要素资源化层面的分配模式

　　数据要素资源化过程具体表现为通过数据的提供、收集和储存、清

---

① 范卫红、郑国涛:《数字经济时代下劳动者数据参与分配研究》,《重庆大学学报(社会科学版)》2021 年。

② 杨铭鑫、王建冬、窦悦:《数字经济背景下数据要素参与收入分配的制度进路研究》,《电子政务》2022 年第 2 期。

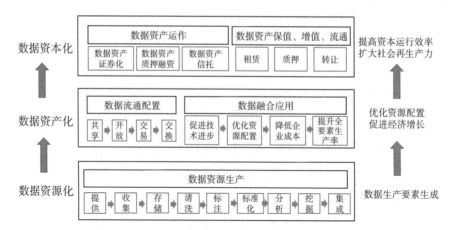

图 9-2 数据要素的资源化、资产化、资本化分配模式

资料来源:笔者自绘。

洗、标注、标准化、分析和挖掘等环节形成可用于流通应用的数据生产要素。从参与的市场主体来看,可以从数据要素价值链延伸的角度,将相关主体大致划分为基础数据源的提供方、数据采集和存储方以及数据的处理、加工和开发利用方等,各方主体的构成可能一致,也可能不一致(甚至大部分时候都不一致)。数据资源化的过程也紧密依托企业提供生产环境所需的管理、技术和资本等生产要素。数据要素资源化与劳动和技术结合极为紧密,可以将数据资源视为物化的劳动力[1]和技术投入。从这个意义上说,数据资源化定价模式基本可以延续过去信息产品时代的成本定价模式。

在数据要素资源化层面,应当率先推进实行数据要素生产主体与交易主体登记管理和备案制度,为数据要素市场相关产业状况统计、主体追责问责、优惠主体认定和数据生产要素存量、增量和交易量提供查询和统计依据。短期内,为鼓励市场主体积极参与数据要素流通,可以考虑搭建数据要

---

① 庄子银:《数据的经济价值及其合理参与分配的建议》,《国家治理》2020 年第 16 期。

素合规准入公共平台,以数据登记制度为核心,以主体承诺制为前置条件,以区块链上链存证的数据准入公证审查机制为保障,通过提供"原始数据出生证明""数据知情授权同意书"等具备法律效力的文件明确其使用、收益和参与数据流通的权利。

二、数据要素资产化层面的分配模式

所谓"流通即应用、应用即流通",数据要素资产化的过程就是数据在流通中应用、在应用中流通的过程。数据流通的一般表现形式为共享、开放、交易和交换等,由企业、政府机关等掌握丰富数据资源的市场主体主导进行;参与数据融合应用的市场主体有企业、科研单位和个人等。在此过程中,数据要素与技术、资本、劳动等多种要素紧密结合,在融合应用中快速产生经济价值。数据资产在与其他各类生产要素联动产生的经济价值按其在生产应用环节的贡献程度决定分配结果,此过程的分配本质上是"按要素分配"。数据要素资源在较为清晰的法律法规权益框架下进行流通、配置、应用,其潜在使用价值和交换价值得以体现,核心在于数据要素资源本身及其相关附属产权作为数据资产内容,形成以产权保护、产权约束为基础的管理体制,实现从资源管理到资产管理的跃升。[1] 因此,在数据资产化阶段,数据定价的主要依据是对数据资产与不同应用场景相结合后产生的收益预期进行定价。

在数据要素资产化层面,应当着重完善数据资产的收益分成模式,建立劳动分配激励机制,稳步推进数据要素"按贡献参与分配,价格由市场决定"的分配定价机制。在数据要素市场化发展成熟期,大规模交易市场将初步形成,可在明确数据要素相关权属机制前提下,完善数据要素资产定价机制。如前所述,这一过程总体遵循市场化的基本原则,政府或交易机构不

---

[1]　杜庆昊:《数据要素资本化的实现路径》,《中国金融》2020 年第 22 期。

对数据资产进行直接定价,而是要在清晰界定数据用途用量的基础上,围绕数据资产质量、数据安全合规风险、市场评价等方面释放的价值信号,借助区块链共识算法等方式,最后在市场参与主体的充分竞争和博弈中形成价格共识。

与此同时,企业应注重提升数据要素价值生成链劳动者的初次分配收益。企业的投入产出是初次分配的核心环节,在市场机制主导下择优配置各类生产要素投入并组织协调生产活动,其支付的个人报酬所得、生产税和进口税、税后净营业盈余分别成为个人、国家和企业的初次分配收入。企业应面向数据采集、储存、清洗、标注、整理、分析、技术等的主要贡献者和劳动者,采取一次性和中长期奖励相结合的激励机制,如采用利润或项目提成、特殊津贴、一次性奖励、员工持股计划、数据技术入股等方式[1],提升数据技术劳动者的初次收入分配水平。

三、数据要素资本化层面的分配模式

数据要素资本化是对数据要素资产赋予资本属性并实现保值、增值、流通的过程。从要素配置角度看,以股权化、证券化、产权化等多种方式运营数据资本,可以提高数据资本运行效率,扩大社会再生产能力。从数据资产持有者角度看,数据资本流转可有效激活数据资产价值,实现报酬递增。数据资本化过程本质上是赋予数据有价值、可有限流通等属性,可类比技术、知识产权等要素参与资本分配的形式,企业可以通过租赁、质押、转让等方式盘活数据资产。[2] 在此过程中,数据资本的持有者、运营者为参与收入分配的主体。

在数据要素资本化层面,应当积极鼓励创新发展数据资本化运营制度

---

① 庄子银:《数据的经济价值及其合理参与分配的建议》,《国家治理》2020 年第 16 期。
② 包晓丽:《数据产权保护的法律路径》,《中国政法大学学报》2021 年第 3 期。

模式,推动数据要素资本化价值升级。数据要素资本化的核心在于允许数据资产相关利益方获得"财产性"收益,明确资产权属关系、具备未来使用价值和潜在收益的概念,要求数据资源本身具备稀缺性、有价性、增值性和收益性。未来可重点探索构建数据证券化、数据质押融资和数据信托等制度。如在数据质押模式下,市场主体产生的有关真实数据向银行质押使用,反过来,银行以质押数据的真实价值和隐含风险评估作为对贷款主体风险评估参考①,并向该市场主体提供相应额度的贷款。又如,数据信托是数据委托方将其占有的数据资产提供给运营方,数据受托运营方按照委托意愿对特定数据资产进行增值化运营,并将向委托方进行相应收益分配。同时数据委托方可将信托收益权转让给投资者,通过现金对价方式获得变现收益。

当前,数据要素"由市场评价贡献"机制确立主要存在三方面障碍:一是当前全国统一的数据要素市场尚未建立,难以形成大规模流转、使用和交易的市场机制,数据要素流通使用效率低,定价机制不健全,存在要素价格扭曲。二是数据具有无限复制性、高度异质性、非竞争性、规模报酬递增性等有别于传统生产要素的特点,依赖市场供需关系和资源稀缺程度的传统定价策略难以适配数据要素的特征。三是数据对经济增长的贡献模式较为复杂,其不仅作为生产要素参与经济活动,还通过促进其他生产要素高效配置、支撑传统生产方式转型升级等方式形成规模报酬递增的经济发展模式②,市场难以对数据要素对于企业产出和经济增长的实际贡献给出真实准确的评价。为此,本书在参考证券市场等成熟要素市场价格机制的基础上,结合数据要素自身特点,提出超大规模数据要素市场下的数据价格生成体系,参见第七章。

---

① 杜庆昊:《数据要素资本化的实现路径》,《中国金融》2020 年第 22 期。
② 王建冬、童楠楠:《数字经济背景下数据与其他生产要素的协同联动机制研究》,《电子政务》2020 年第 3 期。

第三节　二次分配：健全监管与激励机制相融合

数字经济背景下，一方面，数据要素通过提升生产技术和优化生产资源配置实现促进经济实现高质量发展；另一方面，数据资源垄断、数据隐私泄露、数字经济税源隐蔽等问题，正在加速数字收入分配不平等。在数据要素复制边际成本降低伴随自然垄断的同时，数据资本衍生的算法权力显示出相较于传统各类资本更为隐蔽和强势的影响。公平合理的收入分配是社会和谐稳定发展的基础保障，在探索数据资源化、资产化和资本化初次收益分配路径的基础上，还需要进一步探索侧重于公平的二次、三次分配制度建设，以实现在效率和公平之间寻求动态平衡点。

数据要素的二次分配在政府主导下进行，通过增加数据财政收入后进行转移支付的方式，从政府财政预算收入和支出两侧设计适配数据要素市场发展、兼具监管效力和激励效果的二次分配制度模式，即在政府财政预算收入端设立面向数据要素相关企业的税收项目和监管罚没收入等非税收项目，以及设立公共部门数据授权运营专项制度；在政府财政预算支出端加大转移支付力度，设立面向数据要素市场建设和发展的公共服务支出机制，激励多方主体积极参与数据要素市场建设。

从长远发展看，数据要素的二次分配还是激活全社会数据资产巨大价值，实现从"土地财政"到"数据财政"跨越升级的重要路径。我国地大物博、人口和产业规模巨大，数据要素资源禀赋居全球前列，企业积累的数据资产规模十分可观。在形成科学有序的数据资产评估入表路径的基础上，针对这样一个庞大的增量市场出台专门配套金融财税政策，将大大改善相关行业企业资产水平，催生新的税基。与此同时，释放公共数据资产价值和红利方面，可探索公共数据授权运营方向政府业务部门主体进行收益反哺的二次分配机制，如将数据授权运营收益按比例转化为相应政府部门新增财政运营拨款并用于改进政府数据治理和应用水平,从而弥补政府财政资金,形成从"土地财政"向"数据财政"的升级跃迁。

一、制定面向数据要素生产活动的政府财政预算收入项目

(一)研究设立数据要素领域的直接税收制度

税收制度中以企业和个人收入或财富为征税对象的直接税是有效调节收入分配差距的重要再分配政策工具。我国现有税收体系中面向数据交易和服务活动以及数据相关财产性收入的规定不明确,存在定义模糊与征管空白的问题。在数据要素市场趋于成熟的过程中,可以考虑在数据相关税收项目制度设计中,可以考虑增设面向数据交易、使用数据提供数字服务的收入性税收项目,有助于最大效益地发挥税收调节作用。

一是建立数据交易流通环节的直接税制度。当前数据要素市场中提供数据产品服务的卖方议价能力强,数据要素产业链的收益分配明显集中于产业链末端,产业链中上游市场主体利润受挤压状况明显。征收数据交易流转税和数据交易收益所得税,一方面,可以增加政府可支配收入;另一方面,通过向参与数据要素加工生产中小企业的转移支付,调节初次分配中数据要素价值产业链的不公平分配。此外,数据交易收益税基的计算和统计有助于逆向促进数据要素流通交易账簿记载和核算制度完善。

二是建立面向数字经济平台企业的数据服务税制。跨国数字经济平台企业往往是庞大用户群体数据的主要控制者,依靠数据规模优势赚取超额利润。平台企业巨头往往利用税制差异将公司主体设立在海外享受税收优惠,同时通过利润转移和成本转嫁等方式侵蚀设立于国内数据来源地的子公司税基,造成数据资源地税收流失。向数字经济平台企业征收数据商品和服务所得税,可以在解决跨国企业税收过低问题、弥补税收流失的同时缓解财政压力,通过提供公共服务的方式,扶持中小企业发展,或补偿给原始数据提供者,将数字经济红利返还给数字用户。鉴于平台方普遍具有较强

账簿记载和核算能力,将数据服务交易额作为计税依据,便于税收征管的实施。① 但值得注意的是,征收增值税的潜在风险是纳税主体通过提高定价将税负转嫁给下游产业,从而加重收入分配不公,因此需谨慎探索数据服务税,初期可设置较为保守的税率,研究验证国际税收错配的矫正效果,积极参与国际多边交流协作。

(二)建立针对违法违规行为的行政处罚制度

当前数据要素流通交易领域特别是场外交易市场大量存在违法违规交易的行为,应面向数据要素流通交易行为加强事中事后监管等行政处罚制度建设,对给企业和个人造成重大财产损失和人格侵害的相关违法违规行为给予必要罚没处罚。一方面,建立健全面向违法违规收集、生产、交易、使用数据等行为活动的行政处罚制度,如建立面向非法收集个人数据等行为、数据交易市场失信主体的罚款、没收违法所得等行政处罚制度;另一方面,设立数据要素市场的监管罚没鼓励机制,如监管有奖举报机制等。在增加财政的非税收收入同时,有助于完善责任追究,提高违法违规成本,对监管数据要素市场行为、维护市场公平竞争具有重要意义。

(三)制定公共数据授权运营与收益分配专项制度

近年来,我国积极推行公共数据开放,开放公共数据的"原始性、可机器读取、可供社会化利用、非歧视性"已经成为共识,初步实现了向社会主体进行无差别开放,这客观要求政府对开放数据的标准化处理、质量控制和安全运维提供长期稳定的财政投入。此外,部分持有公共数据的部门和单位出于对合规风险、开放成本过高、开放范围的不确定性等因素,对公共数据开放的意愿不高,在一定程度上影响公共数据价值红利的释放。

相比于单纯公共数据开放的局限性,未来更应建立面向特定市场主体

① 王向东、罗勇、曹兰涛:《数字经济下税制创新路径研究》,《税务研究》2021年第12期。

的公共数据授权运营和收益分配制度,允许被授权主体将部分运营所得收益返还公共数据持有的单位和部门,在为市场主体提供更安全、针对性更强的市场化服务同时,也为政府部门实施公共数据开放服务和公共数据治理提供合理的成本补贴,促进公共数据开发利用和各类数据融合应用。

目前公共数据授权运营机制可以考虑两种制度路径。一是设立公共数据授权运营的行政/事业性收费制度,公共数据的持有部门向被授权单位收取必要费用,用于弥补该部门提供的数据资源汇聚、加工、传输等成本,提高公共数据资源使用效率。二是建立公共数据"许可授权"制度,基于公共数据的国有资产理论,政府及行政机关保留公共数据持有权、授予市场主体使用权和收益权的权属理论,借鉴专利权人开放许可制度,明确授权许可费用的收取方式和主体,如规定由执收单位以国有资源(资产)有偿使用的形式收入或将费用纳入地方政府性基金或政府专项收入,使公共数据市场化运营权得以合理配置的同时反哺财政预算收入。在以上两种制度下,均应合理设置收费标准以免加重企业运营负担,并规定授权部门和运营机构各自权责,如明确公共数据的处置方式和安全等级等,防止"数据寻租"、危害个人隐私和公共安全事件发生,同时应进一步明确公共数据开放服务和公共数据授权收费的职能边界,防止发生政府公共数据相关职能错位和角色混乱。

二、设立面向数据要素市场建设的政府财政预算支出项目

一是设立数据要素市场的基本建设支出项目,建立数据要素流通交易发展所需的共性基础公共服务平台。在推进经济社会数字化转型的过程中,开展适应发展需求的数字基础设施建设可以在提高社会生产力的同时将剩余价值向全社会进行合理分配。[①] 当前,正值数据要素

---

① 闫境华、朱巧玲、石先梅:《资本一般性与数字资本特殊性的政治经济学分析》,《江汉论坛》2021 年第 7 期。

市场培育建设初期,我国各地数据交易平台和机构百花齐放,在数据登记、交易撮合、交易清结算等方面存在共性需求。应考虑设立数据要素市场基本建设专项支出,推进集约型数据要素流通交易基础设施建设。一方面,建立促进数据标识编码融合的数据要素根目录平台以促进数据要素平台互联互通;另一方面,推动建立数据合规公证、数据登记、数据交易撮合、交易清结算等公共服务平台,促进形成自主有序的数据要素流通生态格局。

二是增设扶持数据要素产业发展的财政补贴制度,加大转移性支出支持力度。当前我国数据要素市场处于发展的初级阶段,为培育和丰富数据要素市场,制定面向数据要素产业链相关市场主体的税收优惠政策或新型专项财政补贴制度,推动数据要素产业补链、强链。需加快建立数据要素型企业资质认定准入体系,作为专项政策优惠的依据。定期评估专项转移支出效果,初创建立资金分配使用管理和信息公开制度。

三是中央和地方政府设立公共部门数据治理专项经费,全面提升数据管理能力。顺应数字经济发展形势对政府及行政部门数字化升级提出了更高要求,围绕提升公共部门数据治理能力设立专项支出项目管理,可将行政、部门数据共享、开放、公开及授权运营等绩效考核作为专项支出项目考核依据。

第四节 三次分配:建立激励社会主体参与的
长效运行机制

第三次分配在市场主体、公益机构和政府三方面力量配合下进行,以社会主体自愿形式展开以弥补初次分配与二次分配不足。市场主体通过捐赠税后利润,或依托公益机构进行税前捐款捐物等方式调节社会资源配置,政府通过财政补贴、税收优惠和购买服务等方式鼓励社会主体积极参与第三次分配①,在政府侧设立鼓励社会主体参与的激励机制是发挥第三次分配作用的关键。

数据要素市场三次分配机制方面,需要配合制定科学合理的符合我国国情与数据要素市场发展现状的社会分配发展战略,鼓励数字经济平台企业在数据要素相关的第三次分配中主动承担社会责任,先富帮助后富,助力社会实现"数据"共同富裕。具体从以下三方面展开,一是鼓励平台企业完善自我监管与治理,形成面向原始数据来源方的权益补偿机制。二是鼓励企业孵化面向全社会的公益性数据应用和服务,提高数据资源三次分配效率。三是鼓励企业参与缩小区域间与群体间数字鸿沟,强化面向受数字经济冲击弱势群体的保障帮扶。

一、建立完善隐私保护权益补偿机制

统筹平衡数据流通应用和数据安全的关系,在打击数据滥用、非法交易、隐私泄露等的同时,避免数据合规成本过高影响数据要素流通和资源配置。② 个人作为社会数据的重要提供者,理应获得其贡献数据要素的相应收入分配,在尚未建立原始数据来源方直接参与收益分配机制的阶段,可以考虑鼓励企业加大数据安全合规成本投入、提升数据流通交易安全保护等级,在为数据来源方提供更加安全可靠的隐私保护的基础上,后续应进一步探索通过数据信托、数据银行等创新模式实现平台与个人用户的隐私权益共享。

二、打通数据应用服务开源开放渠道

鼓励企业依托公共数据开发并提供公益服务,加大公益性应用的广度与深度。一是研究设立国家公共数据开放平台的企业接口,鼓励市场主体

①　郑功成:《以第三次分配助推共同富裕》,《中国社会科学报》2021 年 11 月 25 日。
②　黄再胜:《数据的资本化与当代资本主义价值运动新特点》,《马克思主义研究》2020年第 6 期。

在平台上开放自身相关以公益服务为目的的数据资源,促进孵化全社会层面数据公益性应用。二是支持数据要素各类市场主体搭建数据开源平台,探索建立"开源数据互为许可"机制,鼓励企业分享复用数据生产要素,减少重复投入、降低创新应用成本,提升数据要素流通效率。三是支持各类数据要素市场主体以隐私计算、联合建模等多种形式开展合作,加快企业、行业、社会机构依法收集、储存的各类社会数据资源开放、融合和创新应用,鼓励企业开放共享数据应用成果。对于符合要求的企业,可依照其提供公共品的正外部性程度,予以相应税收优惠政策。

三、加强企业参与三次分配政策引导

进一步强化数据要素市场参与主体的社会责任,加快缩小不同区域间、群体间数字鸿沟,可以考虑从以下三方面推进。一是重点引导企业承担社会责任,鼓励开展经营盈余捐赠或税前列支捐赠,或通过免费提供便民数字服务的方式将数字红利返还群众。二是鼓励企业统筹使用多渠道资金资源开展面向数字弱势群体的数据知识普及和教育培训,提高社会群体数字素养,缩小群体间数字鸿沟。三是推动企业积极参与"东数西算"算力工程①,将数据加工等产业迁移至西部地区,研究东西部在算力补贴、税收统筹、能耗指标共享等方面的政策衔接机制,探索形成可复制、可推广的试点经验,借助算力产业政策引导等方式调节不同区域间的数字红利分配。

---

① 于施洋、王建冬、郭巧敏:《我国构建数据新型要素市场体系面临的挑战与对策》,《电子政务》2020 年第 3 期。

第十章

数据要素的跨境体系

数字经济时代,随着数据成为基础性、战略性资源,各国对数据资源的争夺日趋激烈,数据跨境流通成为各国关注的焦点。海量跨境数据在支撑国际贸易、国际金融活动,促进跨国科技合作,推动数据资源共享的同时,给个人隐私权、企业商业利益和国家安全也带来挑战。全球主要经济体纷纷加强数据治理前瞻布局,不断强化数据资源掌控能力,力求在全球数字经济发展格局中占据先发优势。下一步,应当充分借鉴国际实践经验,加快构建适应我国自身发展需求的跨境数据流动政策、技术、管理体系,加强我国在数字领域的国际话语权和影响力。

第一节　数据跨境规则是未来全球
竞争的新高地

基于国家安全、经济发展、产业能力等多方面的考量,欧美等国家和地区确定了不同的数据跨境流通策略,并基于此加快构建数据跨境流通规则和制度体系。近几年来,美国、欧盟等经济体在加快构建各自数据跨境流通规则体系的同时,积极与合作伙伴联合,推动建立基于共同理念的全球数据跨境流通同盟,并以规则和制度竞争为手段,打压遏制战略竞争对手,抢占数据跨境流通国际规则制定话语权。以下对全球主要经济体数据跨境流通制度规则的现状进行简要介绍。

(1)美国引领建立全球跨境隐私规则体系,将 APEC 框架下的 CBPR 体系"区域标准"转变为"国际标准"。

2022 年 4 月 21 日,美国率领一众经济体宣布建立"全球跨境隐私规则"体系(Global Cross-Border Privacy Rules System),实质上是将亚太经济合作组织(APEC)框架下的跨境隐私规则(CBPR)体系转变成一个全球主要经济体都可以加入的体系。加拿大、日本、韩国、菲律宾、新加坡、中国台湾和美国是目前参与亚太经合组织跨境隐私规则体系的主要国家和地区。"全球跨境隐私规则"体系的目标:一是在亚太经合组织跨境隐私规则(CBPR)和处理者隐私认可(PRP)的基础上,打造一个国际认证系统;二是通过推广全球 CBPR 和 PRP 系统,实现数据的跨境自由流动以及保障数据的有效安全监管;三是就全球 CBPR 和 PRP 系统的相关事宜开展国际交流与合作;四是定期审查成员国的数据保护和隐私标准,将全球 CBPR 和 PRP 的要求和水平拉齐;五是增强与其他数据保护和隐私框架的互操作性。

(2)欧盟对数据跨境传输提出更高要求,为企业在评估第三国是否提供同等保护水平等方面提供具体操作指导。

2020 年 11 月 11 日,欧盟数据保护委员会(EDPB)发布《关于补充传输机制以确保符合欧盟个人数据保护标准的建议》和《针对监控措施的关于欧盟重要保障的建议》,公开向公众征求意见。这两份建议为企业自行逐案评估第三国是否提供了实质等同的保护水平和应采取何种额外的保障措施以获欧盟认可提供了更明确的指导。EDPB 在《关于补充传输机制以确保符合欧盟个人数据保护标准的建议》中提出帮助企业完成对第三国的评估和确定额外的保障措施的"六步走"计划:第一,了解向第三国转移个人数据的情况;第二,核实进行数据跨境转移的依据;第三,评估第三国的法律和实践是否可能会影响某一具体转移的有效性;第四,确定并采取必要的补充措施以达到实质等同的保护水平;第五,根据采取的补充措施完成相应的可能需要的任何正式程序步骤;第六,适当定期重新评估第三国的数据保护水平,并监测是否有或者将有任何可能影响到数据保护水平的情况发生。

（3）英国脱欧后出台符合本国数据保护法要求的数据跨境传输协议,确保数据跨境流通合法性。

英国脱欧过渡期于2020年年底结束,欧盟的《通用数据保护条款》（GDPR）不再适用于英国。英国信息专员办公室（ICO）2022年2月发布了新的标准化条款工具包:一是《国际数据传输协议》（IDTA）,可以作为一个独立的协议来执行,以配合主要的商业合同,确保数据传输符合英国的数据保护法;二是欧盟2021年标准合同条款的附录（英国附录）。2022年3月21日起,上述IDTA和欧盟2021年标准合同条款的附录（英国附录）正式生效,英国公司必须在2024年3月21日之前完全执行英国的标准合同条款（SCC）,并在此期限内用这些新条款更新现有合同。

（4）新加坡在跨境数据流通治理国际舞台上频繁亮相,积极谋求掌握国际规则制定话语权。

2020年6月12日,新加坡、新西兰、智利三国签署《数字经济伙伴关系协定》（DEPA）,是全球首个在促进数据无障碍流动基础上加入中小企业合作共赢和新兴技术创新发展内容的多边数字经济合作协定,包括"数字产品及相关问题的处理"（Treatment of Digital Products and Related Issues）和"数据问题"（Data Issues）等核心议题。2020年12月8日,《澳大利亚—新加坡数字经济协定》（SADEA）正式生效,协定内容包含跨境数据自由传输、源代码保护、数据存储非强制本地化等规则。2021年6月14日,《英国—

新加坡数字经济协定》(UKSDEA)正式生效,协定亮点涵盖跨境数据流动和数据保护等内容,该协定成为第一个亚洲与欧洲国家之间的此类协议。2022 年 5 月 24 日,新加坡和瑞士为确保金融服务数据的自由跨境流动,在定期金融对话的框架内就相应的意向声明达成协议,避免金融领域数据跨境传输、存储和处理存在不必要障碍,确保数据资源的可用性和实现数据的有效保护。

(5)日本修订个人信息保护法律,规范出海企业数据跨境合规性方面的要求,明确市场主体责任义务。

《日本个人信息保护法》(新版 APPI,2020 年修订版)于 2022 年 4 月 1 日正式生效,其中第 24 条针对日本境内处理个人信息的经营者在数据跨境场景下的义务,新增了两项要求:一是在获取数据主体的同意前,应当事先披露信息接收方所在国家及该国的个人信息保护体系、信息接收方采取的个人信息保护措施;二是采取必要措施确保该境外第三方持续实施了与 APPI 对个人信息的保护要求相当的保护措施,并能够在数据主体要求的情况下提供关于企业采取的必要措施的信息。落实"必要措施"从以下几方面开展:一是定期确认信息接收方的个人信息处理状态,以及接收方所在国家可能影响个人信息处理状态的体系的存续情况;二是在个人信息处理出现不当时,提前确认反馈流程、建立制度、应急预案等;三是信息接收方将采取的能够确保持续性妥善处理个人信息的措施。

(6)澳大利亚与美国签署 CLOUD 法案协议,加强两国执法合作和打击犯罪能力,实现重要数据的跨境共享传输。

2021 年 12 月 15 日,澳大利亚和美国签署了一项具有里程碑意义的 CLOUD 法案协议,该协议旨在防止严重犯罪、恐怖主义、勒索软件攻击、关键基础设施破坏和儿童性虐待方面作出努力。该协议是第二个在《澄清境外合法使用数据法案》(CLOUD Act)框架下达成的双边协议。《澄清境外合法使用数据法案》主要针对以下两个场景提出解决方案：一是执法所需的数据存储在国外；二是外国执法机构需要访问存储在本国的数据。该法案协议将有助于澳大利亚和美国执法机构在法律规定的权限和保障措施下及时访问电子数据，以预防、检测、调查和起诉严重犯罪，为美国、澳大利亚两国之间更有效的跨境数据传输铺平了道路。

（7）俄罗斯面临西方制裁锁喉，俄方数据资源加速向我国开放。

俄乌局势的剧烈演变必然深刻改变俄罗斯传统的全球化战略，欧美施加的金融制裁、贸易管制、技术限制"全方位武器"促进俄罗斯加速主动寻求与我国的全方面合作。2022年2月4日发布的中俄《关于新时代国际关系和全球可持续发展的联合声明》中明确提出，双方将以两国之前签署的信息安全合作协定文件为基础，尽快讨论通过两国数据领域合作计划。双方认为应联合国际社会制定信息网络空间新的、负责任的国家行为准则，包括具有法律效力的规范各国信息通信技术领域活动的普遍性国际法律文件。

第二节　国际多边机制下数据跨境流通的主要进展

近年来，以美国为首的西方国家以国家安全为由，采取包括限制关键技术数据出口、对涉数据交易开展国家安全审查、禁止敏感数据向竞争对手流入等措施，加快对中国等战略竞争对手的数据封锁，地缘政治成为数据跨境流通的重要考量因素。

2020年7月16日，欧盟法院对 Schrems II 案［即数据保护专员诉 Facebook 爱尔兰和马克西米利安·施雷姆斯（Maximillian Schrems）案，C－311/18］作出裁决。Schrems II 案的裁决否决了欧盟—美国隐私盾作为向美国转移欧盟个人数据的依据，法院认为美国国家安全法没有提供与欧盟同等的隐私保护。2022年3月25日,美国欧盟联合公布已就新的《跨大西洋数据隐私框架》达成原则性协议,将促进跨大西洋的数据跨境安全有序流动,并解决了欧盟法院在 Schrems II 案决定中提出的关切。新框架为跨大西洋的数据流动提供法律基础,对于保护公民权利和实现经济部门(包括中小型企业)的跨大西洋商业活动都至关重要。新框架下美国方面承诺将重点推动三项工作:一是加强适用于美国通信情报活动的隐私和公民自由保护;二是建立一个具有指导补救措施的、有约束力的两级独立的补救机制;三是加强对信号情报活动的分层监督,以确保其遵守和受到监视活动的限制。美国、欧盟将推动这一安排转化为法律性文件,以落实新的《跨大西洋数据隐私框架》,美国承诺将其纳入一项行政命令中,该行政命令将成为欧盟在其未来对美国充分性决定中的评估基础。在这一背景下,各大国际多边组织纷纷将目光投向数据跨境领域,并先后提出代表各自相关方利益的数据跨境流通规制方案。

(1)世界贸易组织(以下简称 WTO)目前尚未对数据跨境流通进行专项规制,成员方将数据跨境流通作为重要议题纳入电子商务谈判,特别重视金融领域数据的安全监管。自2019年开启 WTO 电子商务谈判以来,WTO 成员方已经历多轮谈判,根据于2020年12月完成的《WTO 电子商务谈判合并谈判案文》(以下简称《谈判案文》),WTO 成员方将数据跨境流动作为重要议题纳入谈判。《谈判案文》提出三个主要观点:一是认为数据传输的主体为成员方的国民和企业,应当允许各国存在对数据传输的管理规定,但不能随意限制数据的跨境传输;二是将"禁止数据本地化存储"作为原则,但"为达成合法公共政策目的和保护必要安全利益的本地存储规定"可以被允许;三是对金融数据传输和本地化进行了单独规定,当数据传输对金融服务提供者正常运营是必须时,成员方不得对其加以限制。因为金融行业的特殊性,监管机构应当被授权对金融监管机构的数据进行实时访问。需要注意的是,对监管机构的访问授权,仍然需要确保对个人信息、隐私和个人记录及账户保密性的充分保障。

(2)经济合作与发展组织(以下简称 OECD)充分认识数据跨境传输的重要性,制定专门的数据跨境治理框架。OECD 考虑到数据传输对于推动科技创新的重要作用,以及在抗击新冠肺炎疫情和实现可持续发展目标等方面的重要性,于 2021 年 10 月发布了《增强数据访问和共享的委员会建议》(Recommendation of the Council on Enhancing Access to and Sharing of Data),以保护个人和组织合法权利为目标,提出最大化数据共享的通用原则和政策指引。这份建议由"加强数据生态系统信任程度""加强数据领域投资和激励数据访问和共享""推动有效和责任规范的数据全社会访问、共享和使用"等三方面组成,旨在制定一致的数据治理政策和框架,加强整个数据生态系统的信任程度,实现跨司法管辖区的有效数据访问、共享和使用,释放数据潜在价值。

(3)七国集团(以下简称 G7)签署部长级宣言,提出"可信数据自由流动"的概念。2022 年 5 月 10 日至 5 月 11 日,G7 数字部长举行会议,通过了一项关于当前与数字转型相关问题的部长级宣言,该宣言承诺在数字化和环境、数据、数字市场竞争和电子安全等多个主题上实现共同的政策目标,并宣布 G7 已通过《促进可信数据自由流动计划》。通过这一行动计划,G7 国家承诺采取以下五项行动:一是加强"可信的数据自由流动"(Data Free Flow with Trust)的佐证基础,要求更好地了解数据本地化政策及其影响,以及要求提出替代方案;二是增强各国标准合同条款(SCC)和增强信任的技术等技术方面的互操作性;三是围绕隐私技术、数据中介、网络跟踪、跨境沙箱以及促进数据保护框架互操作性等方面开展监管合作;四是在数字贸易的背景下,推动数据的可信自由流动;五是共享国际数据空间的相关知识。

(4)东盟为保障网络安全以及建立统一数据标准,发布数据跨境流通

示范合同条款,建立数据全生命周期的治理保障措施。东盟范围内的网络
安全和个人信息保护水平参差不齐,既有拥有全球领先网络安全能力的新
加坡,也有老挝、柬埔寨、缅甸等尚在进行网络安全基础建设的国家。东盟
急需建立统一的网络安全和数据流动标准,整体性增强东盟网络和数据保
护水平,以此获得更多全球竞争优势。2021 年 1 月 22 日,东盟发布《东盟
数据管理框架》(DMF)以及《东盟跨境数据流动示范合同条款》(MCCs),在
个人数据保护和数据跨境流动方面作出努力。指导东盟成员国内企业建立
数据管理系统的指南,打造基于在整个数据生命周期中的数据集用途的保
障措施和数据治理结构。

(5)东盟十国、中国、日本、韩国、澳大利亚、新西兰等 15 个国家签署
《区域全面经济伙伴关系协定》(以下简称 RCEP),在尊重国家数据主权的
基础上,允许数据跨境自由流动的同时设置基本安全例外条款。RCEP 于
2020 年 11 月签署,2022 年 1 月 1 日生效。RCEP 关于数据跨境流动的规则
条款主要集中在第八章"服务贸易"和第十二章"电子商务"当中。由于涵
盖的成员国较多且数字经济的发展水平和规模差异较大,RCEP 本着开放
的态度,从利益最大化的角度出发,充分尊重和包容各成员国的法律和政
策,制定了允许数据跨境自由流动和限制数据本地化的条款,即数据自由安
全流动原则,将"数据自由流动"作为基础性原则,将"数据安全流动"作为
例外性原则,兼顾数据的自由流动和充分保护。RCEP 没有对成员国施以
强制性的义务,实质上体现的是一种开放和包容的理念,从而达到共治的
效果。

(6)新加坡、智利、新西兰三国于 2020 年 6 月 12 日线上签署《数字经
济伙伴关系协定》(以下简称 DEPA)。DEPA 在尊重数据主权的基础上推
动数据跨境合作,充分考虑个人信息保护、跨境数据流动、数据共享和监管
沙盒等条款。在个人信息保护(Personal Information Protection)方面,DEPA

并不反对各缔约方对个人信息保护采取不同的法律方法,而是在尊重缔约方国内立法的前提下,促进各国保护个人信息法律之间的兼容性和互操作性,比如采用和相互承认数据保护信任标志。在跨境数据流动(Cross-border Data Flows)方面,要求缔约方允许通过电子手段进行信息的跨国转让,包括个人信息,对信息转让的限制不应当超过为了实现合法的公共政策目标所需的限度,为缔约方企业打造良好营商环境,使企业在任何国家、地区都可以随时提供产品或服务。在数据共享和监管沙盒(Data Innovation and Regulatory Sandboxes)方面,提出两种方法驱动数据创新:一是建立数据共享机制,从而实现数据便利共享并促进数据在数字环境中的使用;二是采取数据监管沙盒方式,使企业在可信赖的数据共享环境中实现产品和服务的创新。2021 年 11 月,我国正式提出申请加入《数字经济伙伴关系协定》(DEPA),表明了我国政府加快推动数据跨境合作的决心。2022 年 8 月,中国加入 DEPA 工作组正式成立,全面推进中国加入 DEPA 的谈判。

第三节　我国数据要素跨境流动体系建设开始起步

　　一是国家战略层面,明确安全与发展协同的数据跨境流动方针。为推动"一带一路"倡议和引领全球数字经济浪潮,我国政府高度重视数据跨境流动,中央文件中多次要求推动数据要素自主有序安全跨境。2015 年国务院印发《促进大数据发展行动纲要》,主要任务中提出加快数据开放共享、推动资源整合、提升治理能力等工作,引领数据安全有序流动以适应未来发展趋势。《中华人民共和国国民经济和社会发展第十四个五年规划和 2035 年远景目标纲要》提出"开展数据跨境传输安全管理试点","加强数据安全评估,推动数据跨境安全有序流动"。《关于构建数据基础制度　更好发挥数据要素作用的意见》中明确指出,要开展数据交互、业务互通、监管互认、服务共享等方面国际交流合作,推进跨境数字贸易基础设施建设,以《全球数据安全倡议》为基础,积极参与数据流动、数据安全、认证评估、数字货币等国际规则和数字技术标准制定。

二是法规政策层面,加快形成完整有效的配套保障体系。法律法规层面,2016 年 11 月通过的《网络安全法》作为网络安全领域的基本法,第三十七条提出"关键信息基础设施的运营者在中华人民共和国境内运营中收集和产生的个人信息和重要数据应当在境内存储"。2021 年 6 月通过的《数据安全法》,第十一条提出"国家积极开展数据安全治理、数据开发利用等领域的国际交流与合作,参与数据安全相关国际规则和标准的制定,促进数据跨境安全、自由流动"。2021 年 8 月通过的《个人信息保护法》,是我国首部专门针对个人信息保护的综合性法律,第三章针对个人数据跨境流通行为提出规则和要求。《网络安全法》《数据安全法》《个人信息保护法》三部法律全面构建起我国数据安全领域的法律框架,保障我国跨境数据流动活动有法可依。配套政策层面,为落实国家顶层法律法规的有关规定,国家互联网信息办公室于 2022 年 7 月 7 日公布《数据出境安全评估办法》,自 2022 年 9 月 1 日起施行,《数据出境安全评估办法》为我国开展跨境数据流动工作提供坚实的指引。同时,为规范个人信息出境活动以及保护个人信息权益,国家互联网信息办公室于 2022 年 6 月 30 日对《个人信息出境标准合同规定》公开征求意见,探索建立个人信息跨境流动的机制体系。行业规范层面,金融、交通、保险等行业根据监管需要制定管理政策文件,对个人金融信息、人口健康信息、征信信息等重要敏感数据提出本地化存储、限制出境等管理要求。中国人民银行发布《人民银行关于银行业金融机构做好个人金融信息保护工作的通知》,规定在中国境内收集的个人金融信息的存储、处理和分析应当在中国境内进行。交通运输部、工信部等 7 部委共同颁布《网络预约出租汽车经营服务管理暂行办法》,要求网约车平台公司应将所采集的个人信息和生成的业务数据在中国境内存储和使用。此外,《人口健康信息管理办法(试行)》《保险公司开业验收指引》《征信管理条例》《地图管理条例》等都提出了不同程度的数据本地化要求。

三是地方实践层面,部分地区开展数据跨境传输安全管理试点。2020年8月,商务部发布《关于印发全面深化服务贸易创新发展试点总体方案的通知》,明确在北京、上海、海南、雄安新区等地开展数据跨境传输安全管理试点,由中央网信办指导并制定政策保障措施,建立数据保护能力认证、数据流通备份审查、跨境数据流动和交易风险评估等数据安全管理机制。如北京市针对中关村软件园、金盏国际合作服务区、自贸区大兴机场片区,聚焦人工智能、生物医药、工业互联网、跨境电商等关键领域,立足企业数据跨境流动实际需求,开展政策创新、管理升级、服务优化等试点试行。上海市在临港新片区开展汽车产业、工业互联网、医疗研究(涉及人类遗传资源的除外)等领域的试点工作,推动建立数据保护能力认证、数据流通备份审查、跨境数据流动和交易风险评估等数据安全管理机制。海南省加快海口区域性国际通信业务出入口局建设,推动海南自由贸易港国际互联网数据专用通道落地海口重点园区,推动建立数据资源确权、开放、流通、交易等制度体系。雄安新区探索跨境数据流动分类监管模式,制定数据跨境流动安全评估管理办法、数据流通备份审查管理办法、跨境数据流动和交易风险评估与防控管理办法。

但总体而言,我国数据跨境流动尚处起步阶段,存在数据跨境战略与国家通信战略缺乏统筹、操作指引尚未完善、监督管理缺少协同、技术手段无法满足监管需要、出境数据风险难以管控等问题,亟待打造具有强操作性和落地性的"政策工具箱",推动我国数据资源安全有序跨境流动。

第四节　探索数据跨境流动规则的"中国方案"

当前,数据治理问题已成为各类多边和双边国际组织的焦点议题。我国正式申请加入《数字经济伙伴关系协定》(DEPA),目的就是扩大开放,与其他国家共同走出一条互利共赢的新路。当前可重点在以下四方面加强布局。

一是倡导开放合作,建设人类"数据共同体"。应当从"人类命运共同体"的高度充分认识数据跨境流动的重要战略意义,本着统筹发展与安全、效率与公平的原则,从全人类未来发展福祉的角度,尽早融入全球数据要素市场发展,与国际社会各方共同打造一个公平、高效的数据跨境规则体系。在具体操作上,可考虑与重要贸易伙伴签订共认互信的多边协议作为突破口,为我国数据跨境流动规则主张"增容扩圈"。以争取加入 DEPA 为契机,采取"双边带多边、区域带整体"的推进策略,以动应变,不断扩大数据跨境合作朋友圈。首先,选取与我国贸易投资往来密切、发展潜力大、政治互信较好的国家或地区打开局面。借助我国在"一带一路"沿线国家或地区的影响力,签署若干高水平双边协议,就个人信息保护、数据安全及网络安全、关键信息基础设施、技术规范及标准等方面形成"一揽子"制度安排,助力"数字丝绸之路"建设。尤其要重视个人信息保护的国际合作,明确与第三国管辖权或规则冲突的解决机制,争取与主要国家签订标准互认的框架协议,并积极参与国际规则制定。其次,在自贸协定升级谈判和商谈新自贸协定中,强化对电子商务章节的制度安排,在内容广度和约束力度上向高标准协议靠拢。积极推动与欧盟、英国、日本、韩国之间的规制协调,抓住 RCEP 协议达成的有利契机,突破我国在欧洲和亚太地区的数据流动壁垒,力争构筑全球最大的数据流动圈。可以预见,在新一代数字技术加速变革的背景下,我国数字经济的超大规模优势将不断扩大,这将成为我国在愈演愈烈的"数字地缘政治"竞争中获得优势地位的重要资源。

二是规范数据出境,建立完善数据出境分类审核及监管标准体系。《网络安全法》第三十七条虽然要求建立跨境数据流动评估制度,但个人信息和重要数据界定、数据跨境传输的评估机制和评估方法等细则尚未出台。从立法目的上看,《网络安全法》是基于国家网络安全视角提出的,针对数据跨境采取了更为直接和严格的干预手段,缺乏弹性,难以满足数据多样化的数据出境需求。2022年9月1日,《数据出境安全评估办法》正式生效,是我国数据出境监管历程中的重要一步,《数据出境安全评估办法》的出台将进一步规范数据出境活动,保护个人信息权益,维护国家安全和社会公共利益,促进数据安全有序跨境流动。在当前数字经济全球化的发展趋势下,我国需兼顾安全与发展,加快完善数据跨境流动规则制度体系,全面提高对出境数据的管控能力。从实际操作来看,可从国家安全、企业商业利益、个人信息权益等角度出发,可按来源和重要程度将跨境数据划分为个人数据、商业数据、特种行业数据,并设定不同的数据出境审核要求和监管标准。下一步可考虑在广东省、上海市等有条件的地方探索建立"数据海关"数据出境安全审查试点,一体化推动跨境数据流通的审查、评估、监管等工作。积极参与跨境数据流动国际规则制定,在国家及行业数据跨境传输安全管理制度框架下,开展数据跨境传输(出境)安全管理试点,推动数据跨境立法、执法与对外合作方面的政策协同,研制跨境数据目录、分级分类管理、数据安全保护能力评估认证、数据流通备份审查、跨境数据流通和交易风险评估等数据安全管理机制。

三是便利数据入境,探索建立以离岸数据中心和离岸数据交易平台为抓手的数据入境合作体系。目前,相关法律政策侧重于数据出境活动,忽略了数据入境的风险控制和监督管理,亟待出台数据入境相关的国家顶层规范,兼顾数据"流入"和"流出"两方面,将"拿得到,护得住"作为数据跨境流动管理基本思路。目前各部门、各地方已开始积极探索推动离岸数据产业发展。2020年8月,经推进海南全面深化改革开放领导小组同意,《智慧海南总体方案(2020—2025年)》正式发布,并提出"培育国际数据服务业务。积极引入根域名镜像服务器,吸引国内外其他域名解析服务商、域名注册服务商以及域名相关产业服务商落户海南"。2022年1月,国家发改委、商务部印发了《关于深圳建设中国特色社会主义先行示范区放宽市场准入若干特别措施的意见》,该意见提出"探索建设离岸数据交易平台,以国际互联网转接等核心业态,带动发展数字贸易、离岸数据服务外包、互联网创新孵化等关联业态,汇聚国际数据资源,完善相关管理机制"。当前加快入境数据流动,要解决两个痛点问题:其一,确保入境数据符合我国《数据安全法》《网络安全法》等法律法规要求,保障我国的政治安全、经济安全和文化安全,坚决维护我国的社会制度;其二,最大限度地保护国外数据客户的数据隐私,让大量有经济价值的数据能够入境存储、加工处理,国际数据合理利用,参与到全球数据治理中。基于此,当前可以考虑在深圳市、海南省、云南省、新疆维吾尔自治区等沿边沿海地区部署建设离岸数据中心和跨境数据直联通道,构建保障国家数据安全和企业数据隐私保护"双安全"机制,一方面,在离岸数据中心内建立入境数据与国内数据完全物理隔离的"数据试验区";另一方面,探索建立入境数据分级分类标准和动态监管平台,形成"无感管控、事后处置、分类管理"的离岸数据入境安全检查机制。

四是强化治理体系,建立制度、技术与规则并重的跨境数据安全流动监管体系。首先,在制度层面,逐步构建政府与行业协同的监督管理体系。从长远看,国家应当成立专门的数据监管机构(如国家数据管理局),监管机构的职能不仅包括个人数据和隐私保护,还应该包括推进我国数据交易、平台企业治理、数据跨境流动等全方位数据管理要求,强化国际数据治理及管控能力。同时,应由有关部门牵头,国内IT和互联网企业以及金融机构、大型实体企业等组建国际数据合作联盟,在跨境数据流动管理、扩大全球数据管控能力等方面开展合作,加强行业自律体系建设,建立健全跨境数据流动治理体系。其次,在技术层面,不断强化技术创新,为数据跨境流动提供可信环境和监控能力。面对数据跨境流动中可能发生的数据泄露、数据滥用等一系列安全风险,支持差分隐私、同态加密、多方安全计算、联邦学习等前沿数据安全技术研究,支持安全产品研发及产业化应用,为数据安全有序跨境流动提供切实可行的技术方案。支持政府部门与安全企业等共同协作,建设数据跨境流动安全威胁感知和监测预警基础设施,统筹数据安全威胁信息的获取、分析、研判和预警工作,加强数据安全威胁共享,形成数据安全事件快速响应、追踪溯源恶意行为等技术能力。最后,在规则层面,不断强化数据跨境安全有序流通的规则体系建设。对于个人信息出境,通过合同约束、备案申请等方式,重点保障出境后个人信息主体权益与救济。对于重要数据,通过一事一议、行政审批等强监管措施,保障国家安全、经济发展与社会稳定。按照出境国家地区政治环境、国际关系、数据保护水平等因素,划分数据出境风险等级,探索制定对低风险国家地区的数据出境白名单,减少数据流动障碍。针对外资企业、合资企业、境外组织机构等高风险主体,可探索制定差异化数据出境管理规则,加强数据出境安全保障。

后　记

　　数据作为新型生产要素,对土地、劳动、资本、技术等要素具有放大、叠加、倍增作用,正在推动生产方式、生活方式和治理方式深刻变革。同时,数据的权属、定价、安全等问题十分复杂,涉及方方面面,传统要素的产权、流通、分配、治理等制度难以适用,在全球范围内都没有现成的解决方案。近年来,笔者围绕这些前沿性问题,能够承担一系列数据要素市场化配置改革的顶层设计研究和地方实践工作,是这个新时代给予的千载难逢的机遇,我们深感责任重大、使命光荣。

　　在开展研究的过程中,我们得到了业内各方面专家和领导的无私支持与帮助。第十二届全国政协副主席王钦敏先生多次调研数据要素基础制度研究,听取我们的汇报,提出很多真知灼见。全国人大常委、全国人大社会建设委员会副主任委员、中国行政管理学会会长江小涓同志十分重视数据要素研究,主持了多场专题研讨。图灵奖得主、中科院院士姚期智先生,中国工程院副院长吴曼青院士与笔者所在团队多次互动交流,给予大量指导。梅宏院士、孙凝晖院士、王小云院士、张东晓院士、杨强院士等业内知名专家均以不同方式参与和支持数据基础制度建设相关研究工作,给予了笔者团队的研究以极大启示。

　　我们的研究工作还得到了相关主管部门负责同志和国家信息中心前后几任领导的大力指导和关怀。国家信息中心原党委书记、常务副主任杜平同志卸任后,应邀兼任粤港澳大湾区大数据研究院理事长一职,在组建粤港澳大湾区数据交易流通实验室的过程中为我们奔走呼吁,协调了大量资源。国家信息中心原主任程晓波同志在任期间,悉心指导我们前瞻性开展数字经济和数据价格形成机制相关研究,在转任国家发改委副秘书长和甘肃省副省长、常务副省长后,对我们的研究工作与地方实践相结合给予大力支持。国家信息中心主任刘宇南同志和副主任周民同志,很早就意识到这一研究工作的重要性,指示笔者所在部门就数据要素基础制度问题组建专门研究队伍,并多次听取工作汇报,进行悉心指导,为我们后续支撑相关部门政策性研究奠定了坚实的基础。

　　在成稿过程中,依托粤港澳大湾区数据交易流通实验室工作机制,我们与国内高校的法学、经济学、政府管理、信息管理、计算机、信息安全等领域一线知名学者建立了常态化、机制化合作关系,他们有:北京大学经济学院金融学系主任王一鸣教授,中国政法大学互联网金融法律研究院院长李爱君教授,复旦大学数字与移动治理实验室主任郑磊教授,中国人民大学信息资源管理学院安小米教授、闫慧教授、任明副教授,中国人民大学财政金融学院谢波峰副教授,电子科技大学公共管理学院贾开副教授等。虽然本着文责自负的原则,笔者对本书的学术性和严谨性负责,但书中很多观点得益于甚至直接来源于同各位专家在联合研究中的观点交流和思想碰撞,在此对各位专家的智力付出表示深深感谢!

　　作为一项实践性极强的研究,我们在研究过程中还获益于与深圳、贵阳、上海、重庆、甘肃、福建等地方数据要素市场培育落地实践的深度结合。在这一过程中,很多地方发展改革和大数据部门相关领导均曾在各自任上对笔者研究工作提供了大力支持,他们有:广东省发展改革委主任艾学峰同志(时任深圳市副市长),深圳市发展改革委主任郭子平同志、副主任余璟同志,深圳市政务服务数据管理局副局长王耀文同志,福田区委书记黄伟同志,盐田区委常委曾坚朋同志(时任深圳市发展改革委副主任),福田区副区长欧阳绘宇同志,贵阳市市长马宁宇同志(时任贵州省大数据发展管理局局长)、贵州省大数据发展管理局局长景亚萍同志,上海数据集团总经理朱宗尧同志(时任上海市大数据中心主任),上海市经信委副主任张英同志,重庆市渝北区委常委杨帆同志(时任重庆市大数据局副局长),甘肃省发展改革委副主任张立波同志,福建省大数据集团董事长钟军同志等。这些在基层主管数据要素相关工作的领导同志向我们提出了大量现实工作中遇到的实实在在的"鲜活问题",这些具有挑战的问题激发了我们的深入思考、扩展了研究范围,使得研究更接地气、更有针对性。

最后,要特别感谢国家信息中心大数据发展部全体同志和深圳粤港澳大湾区大数据研究院各位小伙伴的无私支持,没有这样一支朝气蓬勃、团结友爱、锐意进取的团队在背后支撑,完成本书的研究工作是不可想象的。

于施洋

2022 年 11 月 4 日

策划编辑:孟　雪
责任编辑:孟　雪
封面设计:曹　妍
责任校对:刘　青

图书在版编目(CIP)数据

论数据要素市场/于施洋,王建冬,黄倩倩 著. —北京:人民出版社,2023.4
　(2023.5 重印)
ISBN 978－7－01－025594－1

Ⅰ.①论…　Ⅱ.①于…②王…③黄…　Ⅲ.①数据管理-研究
　Ⅳ.①TP274

中国国家版本馆 CIP 数据核字(2023)第 063400 号

论数据要素市场
LUN SHUJU YAOSU SHICHANG

于施洋　王建冬　黄倩倩　著

人民出版社 出版发行
(100706　北京市东城区隆福寺街99号)

中煤(北京)印务有限公司印刷　新华书店经销

2023 年 4 月第 1 版　2023 年 5 月北京第 2 次印刷
开本:710 毫米×1000 毫米 1/16　印张:14.25
字数:190 千字

ISBN 978－7－01－025594－1　定价:58.00 元

邮购地址 100706　北京市东城区隆福寺街99号
人民东方图书销售中心　电话 (010)65250042　65289539